高等教育"十三五"规划教材
高等教育新形态一体化教材
高等教育应用型人才电子电气类专业规划教材

电路实践教程

主　编　吴　霞
副主编　王燕杰　李弘洋
参　编　李　敏　沈小丽　池金谷

电子工业出版社
Publishing House of Electronics Industry
北京·BEIJING

内 容 简 介

本书共分为 6 章。第 1 章为绪论，主要讲述电路实验入门基本知识。第 2 章为常用元器件和电子仪器的使用，本部分首先介绍了电路中常用的电子元器件，然后重点介绍了常用电子仪器的使用方法。第 3 章为 Multisim 14 电路仿真与设计实例，重点介绍了 Multisim 14 的软件及仿真分析方法，并给出 4 个电路仿真实验案例。第 4 章为电路分析基础实验，给出了 14 个电路实验及 5 个电子技术实验。实验任务难度由浅到深，从基础实验入手，递进式地引入设计性实验，循序渐进地培养学生的实验能力，每个实验均配有预习自检环节。为了方便学生在"互联网+"时代下的移动学习，部分实验配有微课视频，可扫描二维码进行观看学习。第 5 章为第 4 章实验 4.1～4.10 的全文英文翻译。第 6 章为综合实验项目研究与实践，可为学习基础好的学生提供课外综合电子技术实践选题，提高学生的创新能力。

本书可以作为高等院校及独立学院电路实验课程的教材和教师的教学参考书，同时也可以作为非电类专业学生电路与电子技术实验教材和留学生学习电路实验的教程。

未经许可，不得以任何方式复制或抄袭本书之部分或全部内容。
版权所有，侵权必究。

图书在版编目（CIP）数据

电路实践教程 / 吴霞主编. —北京：电子工业出版社，2018.1
ISBN 978-7-121-32923-4

Ⅰ. ①电… Ⅱ. ①吴… Ⅲ. ①电路—实验—高等学校—教材 Ⅳ. ①TM13-33

中国版本图书馆 CIP 数据核字（2017）第 256885 号

策划编辑：贺志洪
责任编辑：贺志洪
文字编辑：李　静
印　　刷：北京盛通数码印刷有限公司
装　　订：北京盛通数码印刷有限公司
出版发行：电子工业出版社
　　　　　北京市海淀区万寿路 173 信箱　邮编　100036
开　　本：787×1092　1/16　　印张：14.5　　字数：371.2 千字
版　　次：2018 年 1 月第 1 版
印　　次：2025 年 1 月第 9 次印刷
定　　价：29.50 元

凡所购买电子工业出版社图书有缺损问题，请向购买书店调换。若书店售缺，请与本社发行部联系，联系及邮购电话：（010）88254888，88258888。
质量投诉请发邮件至 zlts@phei.com.cn，盗版侵权举报请发邮件至 dbqq@phei.com.cn。
本书咨询联系方式：（010）88254609 或 hzh@phei.com.cn。

前　言

电路实验，是高等院校电子、电工类本科生学习专业技术基础的第一门实践课，是基础课与专业课的搭桥课，是培养学生解决问题思维、专业思维和基本技能的重要课程。本书以培养和提升学生实践能力和创新能力为目标，对培养学生探究科学实验兴趣、训练学生工程实践的逻辑思维能力有很好的指导作用。本书以引导为目的，将学生带入自主学习的实验领域中，重点培养学生电路基础及设计性实验、综合性实验能力，最终帮助学生完成电路实验。

本书难度适中，强调基础性实验与设计性实验相结合，注重理论联系实际，培养学生独立解决问题的能力。本书在设计上沿用了传统必要的基础验证性实验原理。在难度的设计上由浅入深，主讲教师可根据学生所学专业、差异性学习特点、课程的学时数选择实验项目和安排相应的实验任务。本书将现代的 EDA 技术融入实验项目中，通过典型的仿真实例介绍，让学生掌握电路仿真工具的使用技巧，告诉学生该如何通过电路仿真设计完成实验，采取循序渐进的方式设定若干阶段，逐步放手，让学生领会学习进阶的乐趣，培养学生利用计算机仿真软件进行电路分析的能力。本书主要特点如下所述：

第一，在教学理念上，以学生为中心，关注每位学生完成实验项目的学习目标达成进度，递进式培养学生的实践能力。在实验设计上保留传统必做的经典验证性实验，设计了具有扩展性的设计性实验及提高学生更高层次能力的综合性实验，为学有余力的学生留出发展能力的学习空间。

第二，在教学方法上，增加了学生实验预习及课前检测环节。强调学生实验预习环节的重要性，以问题为导入，帮助学生抓住实验课预习的重点，养成自主学习的习惯。改变以往学生在实验教学中让教师"抱着走"的惰性，培养学生批判性的思维能力。

第三，本书第 5 章为电路基础实验英文翻译，方便留学生进行电路实验学习，同时也为工科学生学习专业英语打下良好的基础。

第四，本书具有新形态教材特征。书中多个实验项目的基础实验配有帮助学生课前预习的微课视频，学生可随时随地，通过扫描二维码方式，碎片化地进行课前学习。

本书分为 6 章。全书由吴霞主编，并负责总体规划和全书统稿。书中所有微课视频，由李弘洋完成二维码生成编辑工作。其中，第 1 章为绪论，第 2 章为常用元器件和电子仪器的使用，第 3 章为 Multisim14 电路仿真与设计实例，第 4 章为电路分析基础实验，第 5 章为电路基础实验英文翻译，第 6 章为综合实验项目研究与实践。

本书由吴霞编写第 1 章，第 4 章第 4.1 节、4.9 节，第 5 章第 5.1～5.2 节，第 6 章第 6.3 节；沈小丽编写第 2 章第 2.1～2.5 节，第 4 章第 4.12 节；李弘洋编写第 2 章第 2.6～2.9 节，第 3 章第 3.1～3.4 节；王燕杰编写第 3 章第 3.5 节、3.7 节，第 4 章第 4.11 节，第 4.15～4.18 节，第 5 章第 5.3～5.10 节，第 6 章第 6.4～6.14 节；李敏编写第 3 章第 3.8 节，第 4 章第 4.2～4.6 节，第 4.10 节，第 4.13～4.14 节，第 6 章第 6.1～6.2 节；池金谷编写第 3 章第 3.6 节、3.9 节，第 4 章第 4.7～4.8 节，第 4.19 节，第 6 章第 6.15～6.16 节。

本书编撰人员，皆为电路实践教学工作的一线教师，结合近 30 年的教学改革体会，编写了与学生水平相适应的电路实验教材，满足不同层次学生需求。本书同时也可作为电路电子实验用书，面向对象为普通高校工科类应用型本科生及留学生。

由于编者水平有限，书中难免存在疏漏和不足之处，恳请广大读者提出宝贵意见。

编　者

2017 年 7 月

目 录

第1章 绪论 ·· - 1 -
1.1 概述 ·· - 1 -
1.2 电路实验课的要求 ·· - 3 -
1.3 实验数据的误差分析与处理 ······································ - 8 -
1.4 动力电源与用电安全措施 ·· - 12 -
1.5 电路实验故障排除 ·· - 16 -

第2章 常用元器件和电子仪器的使用 ································ - 18 -
2.1 电阻器和电位器 ·· - 18 -
2.2 电容器 ·· - 22 -
2.3 电感器 ·· - 24 -
2.4 半导体元器件 ·· - 24 -
2.5 运算放大器 ·· - 28 -
2.6 数字万用表 ·· - 29 -
2.7 数字交流毫伏表 ·· - 31 -
2.8 数字示波器 ·· - 33 -
2.9 函数信号发生器 ·· - 44 -

第3章 Multisim 14 电路仿真与设计实例 ···························· - 49 -
3.1 Multisim 14 简介 ··· - 49 -
3.2 Multisim 14 工作界面 ··· - 50 -
3.3 Multisim 14 仿真入门 ··· - 52 -
3.4 Multisim 14 仿真分析方法 ····································· - 56 -
3.5 Multisim14 仿真分析入门实例 ·································· - 58 -
3.6 叠加定理、戴维南定理、最大功率传输定理仿真实例 ················· - 64 -
3.7 日光灯电路功率因数提高的仿真实例 ······························ - 73 -
3.8 RLC 串联谐振电路仿真实例 ······································ - 76 -
3.9 一阶 RC 电路的暂态过程仿真实例 ································· - 79 -

第 4 章　电路分析基础实验 - 85 -

实验 4.1　常用电子仪器的使用 - 85 -
实验 4.2　基本电参数的测量 - 89 -
实验 4.3　元器件的伏安特性测量 - 92 -
实验 4.4　叠加定理 - 97 -
实验 4.5　戴维南与最大功率传输定理 - 99 -
实验 4.6　单相交流 RLC 电路 - 102 -
实验 4.7　日光灯电路与功率因数的提高 - 106 -
实验 4.8　一阶 RC 电路暂态过程的研究 - 111 -
实验 4.9　RLC 串联谐振电路 - 115 -
实验 4.10　三相交流电路的测量 - 120 -
实验 4.11　二阶 RC 电路的暂态过程 - 125 -
实验 4.12　无源滤波器频率特性的研究 - 128 -
实验 4.13　二端口网络等效参数及连接 - 132 -
实验 4.14　电感线圈参数的测量 - 135 -
实验 4.15　分压式共射极放大电路的研究 - 139 -
实验 4.16　运算放大器的线性应用 - 144 -
实验 4.17　组合逻辑电路设计 - 149 -
实验 4.18　计数器 - 153 -
实验 4.19　直流稳压电源设计 - 158 -

The Chapter 5　Basic experiment on circuit analysis - 164 -

Experiment 5.1　The use of common electronic instruments - 164 -
Experiment 5.2　Measurement of basic electrical parameters - 168 -
Experiment 5.3　Volt-ampere characteristic measurements of the electronic component - 172 -
Experiment 5.4　Superposition theorem - 175 -
Experiment 5.5　Thevenin's theorem and maximum power transfer theorem - 177 -
Experiment 5.6　AC RLC circuit - 179 -
Experiment 5.7　Fluorescent lamp circuit and power factor improvement - 183 -
Experiment 5.8　Study on transient process of first order RC circuit - 187 -
Experiment 5.9　RLC series resonance circuit - 191 -
Experiment 5.10　Three-phase AC circuit measurement - 196 -

第 6 章　综合实验项目研究与实践 - 201 -

实验 6.1　温度测量与显示电路 - 201 -
实验 6.2　去噪声电路 - 202 -
实验 6.3　信号波形分离及合成实验电路 - 203 -
实验 6.4　简易数控直流电源 - 205 -

实验 6.5	电机转速测量电路	- 207 -
实验 6.6	简易电容测量仪	- 208 -
实验 6.7	简易信号发生器	- 209 -
实验 6.8	正弦波相位差检测电路	- 210 -
实验 6.9	简易窗帘自动开关电路	- 211 -
实验 6.10	循环彩灯控制器	- 213 -
实验 6.11	三极管放大倍数 β 测量电路	- 214 -
实验 6.12	过欠电压保护电路设计	- 215 -
实验 6.13	电压频率转换电路	- 216 -
实验 6.14	声控延时开关电路	- 217 -
实验 6.15	十字路口交通灯控制电路设计	- 218 -
实验 6.16	自动寻迹小车	- 220 -

参考文献 ··· **- 222 -**

第1章 绪论

1.1 概述

1. 电路实验课的目的

一名工科专业的学生,在大学四年中有很大一部分时间是进行实践性学习的,如做实验、做课程设计、参加生产实习、参加课外科技活动及做毕业设计等。而电路实验课是工科电类专业除了大学物理实验外,接触的第一门专业基础实验课。该课程包括对电路理论的验证与研究、实验仪器的使用、实验方法的掌握、实验技能习惯的培养、实验报告的撰写、实验误差的分析等,课程学习的好坏将会影响到后续专业课程及实践性环节的学习。因此对电路实验课程应给予足够的重视。通过该课程的学习,学生能够掌握基本的实践技能,并将所学理论应用到实际中,提高发现问题、分析问题和解决问题的能力;培养严谨、严肃的科学态度及踏实、认真的工作作风;树立灵活运用所学知识进行创新的主观意识。

2. 电路实验课的意义

电路实验课是将电路理论知识应用到实践中的入门课程,是一种让工科学生能够改变以往任何学习方式的实践活动。通过电路实验课程的实践,它可以在学生身上产生思想的火花,对提高工科学生教育质量发挥着至关重要的作用。通过电路实验课的教学,可以将知识从一个静态的事物变成一项动态的活动,它就像血液一样,流淌在工科专业学生的身体里,学生走出大学课堂,它依然在流淌。学生通过本课程的学习和训练,需要掌握以下几个方面的知识和技能。

- 熟悉电路实验的基本常识、培养学生实验操作的规范化。
- 掌握安全用电的常识。
- 验证、巩固并加深理解电路理论的基本概念和基本定律。
- 常用电子仪器与电工仪表的正确使用及电路测量方法。
- 电路基本元器件的性能及相关元器件的使用。
- 具备准确读取实验数据、观察实验现象及分析实际问题能力。
- 电路理论的实践性学习(即电路方案的设计、电路仿真实验过程、准确的实验结果、误差分析)及综合应用。
- 撰写科学研究的实验报告。

3. 电路实验课的特点

电路实验属于工科范畴，除要求学生具有严谨的科学态度外，还应注重实用性，需要训练学生从工程角度考虑问题，而这一点正是初学者所缺乏的。举例来说，如实验中使用指针式仪表测量由小到大变化的电压或电流时，为了减小测量误差，需要不断地改变仪表的量程，这时记录的多组数据，其有效数字就不统一，这在电路实验中是允许的。再如，对考虑到测量精度的要求，在大学物理实验中，为了得到准确的结果，大多采用多次测量求平均值的方法来排除随机误差，以提高测量的准确度。而电路实验从工程实际出发，只需满足使用要求即可，处理内容多为一次性测量的准确度；有时甚至不需要给出具体值，只观察其现象或变化规律就可以了。

电路实验是技术基础性实验，研究的是由阻容元件或与电感元件等组成的、反映单一功能的、最基本的电路，也是初学者应该掌握的基础实验课程。电路实验是走入工程实际的入门课程，在实验室这个模拟工程现场的场所内，学生应学会设计电路、连接电路，学会仪器与仪表的使用，学会分析问题和解决问题的能力，学会排除电路故障，充实自己在电路应用方面的空白，为今后的课程设计、专业课的学习、学科竞赛、毕业设计打下良好的实践基础。

4. 电路实验课与电路理论课的联系

电路实验课与电路理论课有着密切的联系，电路理论课是电路实验课的理论基础，是电路实验的先修课程。尽管两者都研究电路问题，但是在思维方式、研究对象、处理手段上却有很大的不同。

电路理论课的宗旨是建立电路的数学模型，将实际电路中最主要的电路特性抽象出来进行单一的研究，其研究方法多是将复杂问题抽象化、理想化和简单化，忽略次要问题，突出主要问题，用数学手段逐步进行分析，最后得出结论。而电路实验课则是电路理论的"逆向思维"，它研究如何将一个成熟的理论或电路设计方案付诸实施，在实施的过程中，实现理论的应用或实现所设计的电路的功能。

电路实验面对的是客观具体的各种现象并存的实际电路，而实际电路中的各种问题是无法回避的，如电路理论中的电感，其电特性仅由电磁感应定律来约束，但实际电路的电感器不仅受电磁感应定律约束还受欧姆定律约束，这是由于制作电感线圈材料的电阻率不为零，而线圈的电阻在实际电路中一般是不能忽略的。如第 4 章实验 4.9 中产生误差的原因就是电感线圈的电阻存在。再如，电路理论中的电阻，其阻值都是唯一的真值，但实际电阻器的真值是无法确定的。因为制作阻值误差为零的电阻，在物理上是不可实现的，因此实际电阻器的阻值是由标称值与精度两部分组成的。实验中被测电阻的阻值若满足其精度要求，则认为标称值就是此电阻器的阻值。如第 4 章实验 4.4~4.5 中产生的误差，主要原因就是电阻器标称值与其实际值的差别。

5. 实验项目与科研项目的必然联系

电路实验课是一门以实际操作为主的课程，其主要目的是使学生学会如何动手实践。围绕着某个实验项目，学生应了解从哪里开始，完成哪些任务，如何设计电路，如何进行电路仿真，如何进行总结提高等。应当认识到无论是简单验证性实验、设计性实验还是综合性实验，所做的工作都与科学研究相类似。如科学研究过程中的立项、论证、设计、制作、调试、运行、最后取得科研成果，在每个实验中都有类似的工作相对应，如表 1-1 所示。

表 1-1 实验项目与科研项目类比

实验项目	科研项目
实验任务——实验项目命题	科研任务——科研课题
实验目的	完成任务的目标
实验原理——实验预习、实验的理论依据	可行性研究报告
实验内容——实验设计、方案对比、电路仿真	设计方案、研究内容
实验操作及实践	电路制作、调试、运行
实验室场地及教师指导	完成任务的能力保障
实验结束后撰写实验报告、教师批改	任务完成后所得结论、递交结题报告书、鉴定

通过对比，可以清楚地看到，每个实验项目都是一个科研任务的预演。但实验项目毕竟不是科研任务，科研任务注重的是研究结果，而实验课注重的是实验过程。实验课的目的是培养学生实践动手能力，通过实践让学生带着质疑发现问题，启发学生创造性思维能力，为将来胜任科研及技术工作奠定良好的基础。

用对待科研任务的态度对待实验项目，用投入科研任务的精力与热情做实验，学生的操作技能、实践本领一定能迅速提高。

1.2 电路实验课的要求

科研人员完成一个科研课题，往往要做很多准备工作，如查阅相关资料，了解国内外发展动态、方案的设计及可行性论证等。从接受任务到完成任务要付出大量的心血，进行艰苦的工作，要克服许多意想不到的困难，直至最后给出研究结论，发表科研论文或聘请专家进行鉴定。同样，对于学习电路实验课的学生来说，为了顺利完成实验任务，在实验课上取得更多收获，也要做好类似的工作。由于电路实验课是"以学生为主体，教师指导为辅"的教学理念，根据本课程的特点，可将实验分为课前预习、实验和课后总结与提高（撰写实验报告）三个阶段来提出要求。

1.2.1 课前预习和准备工作

任何一个电路实验都有其特定的目的，并以此目的提出实验任务。操作者在预习时要掌握一定的实验知识，准确地应用基本理论，叙述清楚实验原理，综合考虑实验环境及实验条件，设计实验方案，了解实验方法及具体步骤，预测实验结果，写出预习实验报告。

要保证电路实验能够顺利进行并取得预期成果，在很大程度上取决于课前的预习准备是否充分，学生应在实验前完成以下工作。

1．明确本次实验任务与实验目的

认真阅读实验教程，明确实验目的，学生应根据实验目的，明确应如何开展实验工作。

2. 访问实验课程提供的教学资源库

登录浙江省高等学校精品在线开放课程共享平台 http://zjedu.moocollege.com，下载相关实验教学课件和教学视频，也可以参考历届的优秀报告案例。尤其需要课前观看指定的相关微课视频，完成在线自测题检测，做好相关预习工作，对实验难点和重点做到心中有数。

3. 掌握实验原理

学生须根据实验目的与实验内容，复习相关的基础理论知识，掌握本次实验中所用的仪器设备的主要功能、使用注意事项及使用方法等。对于验证性的实验项目，学生要熟悉实验电路、内容、步骤。进行实验前，学生应对预期的实验结果进行电路理论计算和分析，做到心中有数，以便在实验中及时发现与纠正错误，为顺利进行实验做好充分准备。如本书第4章实验4.4与4.5都必须进行实验前的理论计算；对于设计性综合实验项目，学生实验前不仅需要充分了解实验原理，还须查阅相关专业书籍，根据实验内容要求，设计出电路实验方案、实验过程、实验记录表格，进行必要的计算机仿真。

4. 仔细领会实验教程中的预习提示

实验中的预习提示是对实验操作中难点的解释，或者是对实验方法的补充说明。注意事项是电路实验中操作规程的特别强调，一定要高度重视并必须严格遵守，否则可能会造成实验失败甚至严重的实验安全事故。

5. 重视实验课后思考题

完成实验教程中布置的相关实验思考题。思考题一般是针对本次实验项目的相关实验原理、实验操作、实验难点或者数据处理提出的问题，做实验前应带着问题认真思考，实验过程中应考虑如何解决。

6. 完成实验课前自测题

在完成上述几项工作后，在实验之前，将实验自测题做完，检测实验前的预习效果。此内容对帮助学生顺利完成实验很有必要。

7. 预习报告的撰写

撰写预习报告的过程，既是检查预习效果的过程，又是实验前的准备过程。因此预习报告要写得具体，包括实验目的、实验原理、实现实验过程的电路图及实验需要测量的数据表格，包括本次实验制订合理、可行的实验方案与详细的实施步骤、做好实验数据记录表格等准备工作，准备好直尺、铅笔、坐标纸、计算器等文具。预习报告经教师批改后，实际操作时可按照预习报告中设计的方案及操作有条不紊地进行。

8. 计算实验报告分值

实验报告成绩＝实验预习成绩+操作成绩+撰写报告成绩。

1.2.2 实验室实践工作

1. 实验课流程

① 携带电路实验教程和事先已完成的实验预习报告、课前预习检测，严格按照实验时

间提前十分钟到实验室，由指导教师批改实验预习报告，给出预习成绩，方可到指定的实验台。

② 实验前，请认真听取指导教师的重点、难点讲解。

③ 在规定时间内，按照事先已设计的电路方案，完成实验数据测试，记录波形，完成实验任务。

④ 之后经指导教师签字认可批改，结束实验操作。

⑤ 完成实验后，将电源切断，拆除线路，将实验元件和设备按要求摆放整齐，做好实验台的清洁工作。

2．实验过程

实验课是将预定的实验方案付诸实践。在这一过程中，主要锻炼学生的动手能力，培养学生良好的操作习惯，使学生通过不断的积累以获得丰富的实践经验。在实验中，要做到脑勤、手勤、眼尖，善于发现问题，捕捉实验过程的"蛛丝马迹"，这对于学生自身实践能力的提高很有好处。

（1）连接实验电路

正确连接实验电路是实验顺利进行并取得成功的第一步，也是初学者遇到的第一个困难。需要注意以下几点。

① 正确连接电路。按照实验电路图，遵照先串联后并联的原则，正确连线，电路布局要合理，连接线以短且少为好。同时直流电路还要考虑仪表的极性，考虑参考方向及公共参考点等与电路图的对应位置。对含有集成器件的电路，应以集成器件为中心，按节点连线。为确保电路各部分接触良好，每个连接点不要多于两根导线。

② 连线检查。连线结束后，对照电路图认真检查，保证实验顺利进行。检查电路图，由左至右或电路图有明显标志处（如电源的正极端）开始，以每一节点上的连线数量为依据，检查实验电路对应的导线数。图物对照，以图校物。对初学者来说，电路连接检查是比较困难的一项工作，它既是电路连接的再次实践，又是建立电路原理图与实物之间内在联系的训练与转化过程。掌握电路原理图，可提高对实际电路的认知能力。

（2）电路元器件

电路实验操作中首先遇到的是元器件。电路实验涉及的元器件有电阻、电感（自感和互感）、电容、二极管及运算放大器。实际元器件不同于理想元器件，对于它的描述除了标称值外，还有精度、额定功率、材质等。如色环电阻器，应了解其阻值与精度的表示方法；更进一步，还要了解制作该元器件的材质，进而清楚该元器件的温度系数。对于实际电感器，除其具有电感、内阻与精度外，还有额定功率的表示方法；对于电容的参数，除了电容量与精度外还有耐压值，同样有电容材质问题。制作材质不同，其特性（如温度系数）与用途也完全不同。实验中应多注意了解和掌握这些常识。

（3）电子仪器与电工仪表

电路实验的电子仪器有直流稳压电源、直流稳流电源、信号发生器、数字式示波器、数字交流毫伏表、数字万用表。

直流稳压电源、直流稳流电源与信号发生器为电路提供正常工作的能量和激励信号。为了更好地完成这种功能，直流稳压电源与信号发生器的输出阻抗一般都很小（直流稳流电源是个例外，其输出电阻很大）。示波器、数字交流毫伏表等测量仪器，属于电路中的"负载"。在对电路进行测量的同时，这些"负载"会从电路中吸收一定的能量。为了减小对被测电路的影响，通常测量设备的输入阻抗很大。

电工仪表有交/直流电流表、交/直流电压表、功率表等。电工仪表一般用来测量频率在 0～50Hz 范围内的电流、电压、功率及电能物理量。测量时，电流表要串联在电路中，电压表要与被测电路并联。

了解电子仪器与电工仪表的区别后，实验中则不会用错或损坏仪器设备；当自行设计实验时，也能够根据实验内容正确选择仪器与仪表。

（4）安全操作

实验过程中注意观察各仪表的显示是否正常，量程是否合适，正、负极是否正确，负载工作是否正常，电路有无异常现象，如冒烟、响声、异味等。如有异常，应立即切断电源并仔细检查事故发生的原因，同时报告老师。

严禁带电操作。实验操作中需拆除或改接电路时，必须首先切断电源，再进行拆、改工作。坚决杜绝带电操作。

（5）数据的读取与记录

电路实验的特点是在实验中获得并记录实验数据与波形图。首先应根据实验要求做预测。接通电源后进行一次粗测，观察实验数据的变化与分布规律及结果是否合理。依据具体情况做必要的调整后，再进行正式的实验操作和数据的记录工作。有效数字的取舍应根据实验数据的数量级与仪表的量程、表盘的刻度等情况综合考虑。

测试完毕后，应认真检查实验数据有无遗漏或不合理的情况，数据记录经教师检查签字后，方可拆除电路并整理实验台，将实验装置及仪器设备等摆放整齐，养成良好的学习习惯。

1.2.3 实验报告撰写

1．书写实验报告注意事项

（1）实验报告必须选用电工电子实验中心的版本

按照给定的实验报告格式完成。实验报告应包括下面几部分：①实验目的；②实验任务；③实验仪器；④实验原理及实验方案；⑤实测数据及波形图；⑥实验分析；⑦实验结论；⑧实验思考题。

（2）保持报告整洁

合理安排文字布局，报告中的表格、电路图均要求用直尺绘制，并且每个表格要有表头，代表测量数据的物理意义，电路图要有电路名称。

（3）完成数据处理及作图

数据处理中绘制的曲线图要和实验数据吻合，曲线应光滑，能反映测量结果的特性。

描绘示波器测试波形时，在波形图上应该正确反映测试波形之间的相位关系，并正确反映波形与基线的相对位置。在实验过程中，用示波器观察电路实验中电信号的输入点、输出点波形。在记录波形时要注意以下几点：

- 选择合适的坐标系。
- 在坐标系中要有单位，一般横坐标代表自变量，纵坐标代表因变量。在横、纵坐标轴的末端要标明其所代表的物理量及其单位。
- 要合理、恰当地进行坐标分度。
- 曲线应标有曲线名。

（4）进行必要的理论计算

理论计算值要有简要的计算步骤，并与实测值进行比较，计算相对误差，分析误差产生原因。

（5）必须要有实验结论

实验结论建立在实测波形、实际测量和误差分析基础上，要有自己的理解，不能过于简单，不能抄袭。

（6）完成教师指定的思考题

（7）完成本次实验项目的综合性、设计性实验效果的评价表测试

2. 实验报告撰写格式

实验报告撰写格式如图1-1所示。

××大学电工电子教学中心实验报告

实验课程：__________ 实验日期：__________

实验项目：__________

班级：______ 学号：__________ 姓名：__________

实验报告成绩：__________ 教师签名：__________

实验类型 设计型□ 综合型□ 验证型□

一、实验目的

按照实验任务，填写实验目的。

二、实验任务

按照指导教师要求填写（任务中不需要画表格和图）。

三、实验仪器（设备名称与型号）

预习时，先写使用的实验仪器，仪器型号进入实验室后再填写。

四、实验方案（包括简要原理及设计电路图注意事项计算等）

1. 实验任务中所有的实验内容，在实验原理中需要呈现；
2. 报告中的电路图、表格需要用直尺绘图；
3. 理论计算必须写简要步骤；
4. 注意事项必须写好；
5. 实验报告中一、二、三和四项，预习时要求事先写好。

实验预习报告成绩______ 实验操作成绩______ 教师签名______

实验数据及实时波形需教师检查签字批改实验操作成绩，学生方可离开实验室。

图1-1　实验报告撰写格式

五、 实测数据及波形图

1. 表格要有标题(表格须用直尺绘制，不可徒手画)；
2. 波形图要标明示意名称；
3. 凡是用示波器观察的波形，均要求记录波形。绘制波形时，要标明坐标轴标量和单位，须描绘的曲线在整个坐标轴中应画 2 至 3 个完整的周期。

六、实验分析（实验误差、数据分析）

计算相对误差：

$$Y=\left|\frac{X_{\text{实测值}}-A_{\text{真值}}}{A_{\text{真值}}}\right|\times 100\%$$

针对相对误差写明产生误差的主要原因。

七、实验结论（最好能加收获体会及意见）

1. 针对实验内容写实验结论（需要经过数据分析才能得到），一般有几个实验表格，就写几条结论。
2. 可以写一些实验体会及教学建议。

八、实验思考题（要抄题目）

××大学综合性、设计性实验教学效果评价表

评分标准：A 非常满意　B 满意　C 基本满意　D 不满意　E 非常不满意

评价指标		权重	评分标准				
			A	B	C	D	E
教学内容	实验要求明确、合理，学生能够独立利用所学知识设计出实验方案，并进行实验（供设计性实验评价用）	0.1					
	实验涵盖知识面广，综合性强，有一定的前瞻性，利于培养学生的实验技能（供综合性实验评价用）	0.1					
	实验项目与课程理论教学联系紧密，对理论教学的内容起到了补充与深化的作用	0.1					
教学效果	提高了综合分析能力、数据分析、处理、撰写实验报告和查阅资料的能力	0.1					
	提高了独立解决实际问题能力、创新和组织管理能力	0.1					
	对课程的总体满意度	0.15					
实验室管理	实验室开放时间长，能够在预约开放时间里做实验　（没有就选 E）	0.15					
	仪器、设备维护好，完好率高，能够随时满足实验要求	0.05					
	实验室管理规范，整洁有序，指导教师认真负责	0.05					
指导情况	教师对学生实验报告批改认真、负责，对学生设计方案评价合理、准确	0.1					
	指导耐心、仔细，有针对性，能够帮助学生提高实验技能，实验成绩评定合理	0.1					

图 1-1（续）

1.3　实验数据的误差分析与处理

在科学实验与生产实践的过程中，为了获取表示研究对象特征的定量信息，必须准确地测量。在测量过程中，由于各种原因，测量结果和待测量的客观真值之间总存在一定差别，即测量误差。因此，分析误差产生的原因，如何采取措施减小误差，使测量结果更加准确，对实验人员及科技工作者来说是必须了解和掌握的。

1.3.1　测量误差的表示方法

由于测量误差的客观存在，因此为了表示被测量的测量结果的准确度，一般用绝对误差、相对误差和引用误差来定量表示测量结果与被测量实际值之间的差别。

1．绝对误差

绝对误差是指测量仪器的示值与被测量的真值之间的差值。假设被测量的真值为 A_0，测量仪器的示值为 X，则绝对误差为

$$\Delta X=X-A_0 \tag{1-1}$$

在某一时间及空间条件下，被测量的真值虽然是客观存在的，但一般无法测得，只能尽量逼近它。故常用高一级标准测量仪器的测量值 A 代替真值 A_0，为区别起见，将 A 称为被测量的实际值，

则

$$\Delta X = X - A \tag{1-2}$$

在测量前,测量仪器应由高一级标准仪器进行校正,校正量常用修正值 C 表示。对于被测量,高一级标准仪器的示值(即实际值)减去测量仪器的示值所得的差值,就是测量仪器的修正值 C。实际上修正值就是绝对误差,只是符号相反,即

$$C = -\Delta X = A - X \tag{1-3}$$

利用某仪器的修正值便可得该仪器所测被测量的实际值 A,即

$$A = X + C \tag{1-4}$$

2. 相对误差

测量不同大小的被测量时,绝对误差往往不能确切地反映出被测量的准确程度。例如,设测一个大小为 100V 电压时,绝对误差为 $\Delta X_1 = +2V$;测一个 10V 电压时,绝对误差为 $\Delta X_2 = 0.5V$,虽然 $\Delta X_1 > \Delta X_2$,可实际 ΔX_1 只占被测量的 2%,而 ΔX_2 却占被测量的 5%。显然,后者的误差对测量结果的影响更大。因此,工程上常采用相对误差来比较测量结果的准确程度。

相对误差:用绝对误差 ΔX 与被测量的实际值 A 的比值的百分数来表示相对误差。记为

$$\gamma_A = \frac{\Delta X}{A} \times 100\% \tag{1-5}$$

3. 引用误差

相对误差虽然可以说明测量结果的准确度,并衡量测量结果和被测量实际值之间的差异程度,但还不足以用来评价指示仪表的准确度,为此引入了引用误差的概念。

引用误差:用于表示仪表性能的好坏,其定义为绝对误差 ΔX 与仪器的满刻度值 X_m 之比的百分数,即

$$\gamma_m = \frac{\Delta X}{X_m} \times 100\% \tag{1-6}$$

1.3.2 测量误差的分类

测量误差按性质和特点可分为系统误差、随机误差和粗大误差三大类。

1. 系统误差

系统误差指在相同条件下重复测量同一量时,大小和符号保持不变或按照一定的规律变化的误差。系统误差一般可通过实验或分析方法,查明其变化规律及产生原因,即可减少或消除。电子技术实验中系统误差常来源于测量仪器的调整不当和使用方法不当所致。

2. 随机误差

随机误差也称为偶然误差,指在相同条件下多次重复测量同一量时,大小和符号无规律变化的误差。随机误差不能用实验方法消除,但由于随机误差是符合概率统计规律的,可以从随机误差的统计规律中了解它的分布特性,从而对测量结果的可靠性做定量分析,并对误差进行消除。

3．粗大误差

粗大误差是一种过失误差。这种误差往往是由于测量者对仪器不了解、粗心等原因，导致测量结果严重偏离理论值。此外，测量条件的突然变化也会引起粗大误差。含有粗大误差的测量值称为坏值或异常值，必须根据理论分析及统计检验方法的某些准则去判断哪个测量值是坏值，然后去掉。

1.3.3 减小误差的基本方法

根据上述三类误差产生的原因，可采用不同的方法对不同类型的误差加以消除，以保证测量值尽可能准确。

1．减小系统误差的方法

（1）对测量结果进行校准

对仪器定期进行检测，并确定校正值的大小，检查各种外界因素，如温度、湿度、气压、电场、磁场等对仪器指示的影响，并做出各种校正公式、校正曲线或图表，用它们对测量结果进行校正，能有效地减小系统误差，提高测量结果的准确度。

（2）替代法

替代法是指用一个可变的标准量代替被测量，且保持整个测量系统的工作状态不变，则仪表本身和外界因素所产生的系统误差对测量结果没有影响。它常常被广泛应用在测量元器件参数上，如用电桥法或谐振法测量电容器的电容和线圈的电感量，可以消除对地电容、导线的分布电容、分布电感和电感线圈中的固有电容等因素对测量值的影响。也可用此法测量电阻阻值，以排除温度等外界因素对测量结果的影响。

（3）正负误差相消法

这种方法可以消除外磁场对仪表的影响。它是通过正、反两次位置变换的测量，然后将测量结果取平均值的方法实现对误差的消除。

（4）合理选择仪表量程

在仪表准确度已确定的情况下，量程大就意味着仪表指针偏转小，从而增大了相对误差。因此，在测量时要合理地选择量程，并尽可能地使仪表读数接近满量程位置。一般情况下，仪表的指针在 2/3 满刻度以上时才有较准确的测量结果。因此，测量者应依据测试估计值的大小，在测量过程中合理选择仪表量程，方可得到较小的最大相对误差。

特别注意，电压测试时的电压表选择与电压表在电路中的接法对系统误差的影响很大，这是电路测试中普遍存在的一个问题。当用低内阻的普通万用表测量高电阻电路的电压时，由于电压表内阻的分流影响，电压表示值将严重偏离实际值，误差将会很大。

2．减小随机误差的方法

通常可采取对测量值取算术平均值的方法来减小随机误差。因为随机误差的大小和符号都是随机变化的，因此，采用多次测量取算术平均值就可以有效地增加误差相互抵消的机会。

3. 减小粗大误差的方法

粗大误差是应该避免的，测量者在测量时应注意以下几点，以避免粗大误差的产生：
- 测量之前可以做试探性测量，即进行粗测，以便正式测量时核对。
- 反复对被测量对象进行测量，从而避免单次失误。
- 改变测量方法。

1.3.4 实验数据的记录与处理

实验中所得到的测量值或波形统称为实验数据，而对这些实验数据进行记录、整理、分析和计算，从中得到实验结论，这个过程称为实验数据处理。实验数据处理是实验过程中非常重要的环节，它可以直接影响到实验结论的正确与否。

1. 数据的有效数字

（1）有效数字的概念

在测量中，对实验数据进行记录时，并不是小数点后位数越多越精确，由于误差的存在，所以测量值总是近似的。测量数据通常由"可靠数字"和"欠准数字"两部分组成，两者合起来称有效数字。

（2）有效数字的表示方法

在用有效数字记录实验数据时，应遵守以下表示形式：

① 记录测量数据时，只允许保留一位欠准数字。

② 在第一个非零数字前的"0"不是有效数字，同时要注意末位的"0"不能随意增减，它是由测量仪器的准确度来确定的。

③ 大数值与小数值要用幂的乘积形式来表示。例如，测得某电阻的阻值为 35 000Ω，当有效数字为 3 位时，则应记为 3.50×10^4Ω，或 350×10^2Ω，不能记为 35 000Ω，因为 35 000 表示该数据具有 5 位有效数字。

④ 当有效数字位数确定以后，多余的位数应一律按四舍五入的规则舍去，称为有效数字的修约。

⑤ 表示常数的数字可认为它的有效数字位数无限制，可按需要取任意位。如常数 π、e、$\sqrt{2}$ 等因子的有效数字的位数在计算中可视需要确定。

2. 记录有效数字的实例

例：用一块量程为 50V 的电压表［其最小刻度为每小格 1V，如图 1-2（a）所示］测量电压时，指针指在 34V 和 35V 之间，则可读数为 34.4V，其中数字"34"是准确可靠的，而最后一位"4"是估计出来的不可靠数字，因此，该测量值应记为"34.4V"，其有效数字是 3 位。

有效数字位数越多，测量准确度越高。在图 1-2（b）中（其电压表最小刻度为每小格为 0.1V），指针仍然指在 34V 和 35V 之间，但可读数应为"34.40"，是 4 位有效数字，其准确度高于 3 位有效数字"34.4"。在图 1-2（a）中，因为小数点后面第一位就是估计出来的欠准数字，因此第二位就没有意义了，所以只能读为"34.4"，不能记为"34.40"。在实验数据的记录中，一定要合理选择有效数字的位数，使所取得的有效数字的位数与实际测量的准确度一致。

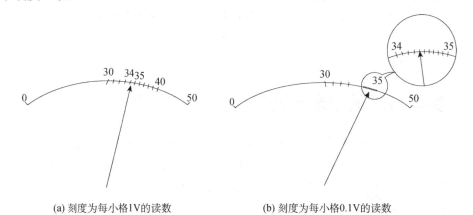

(a) 刻度为每小格1V的读数　　　　　　(b) 刻度为每小格0.1V的读数

图 1-2　有效数字的读取

3．数字式仪表的读数与记录

一般情况下，从数字式仪表上可直接读出被测量的量值，读出值即可作为测量结果予以记录而无须再经过换算。需注意的是，在使用数字式仪表时，若测量过程中量程选择不当则会丢失有效数字，降低测量精度。例如，用数字电压表测量 1.682V 的电压，在不同的量程时显示值见表 1-2。

表 1-2　数字式仪表的有效数字

量程/V	2	20	100
显示值/V	1.682	01.68	001.6
有效数字位数	4	3	2

由此可见，使用不同的量程时，测量值的有效数字位数不同，量程不当将损失有效数字。在此例中选择"2V"的量程才是恰当的。实际测量时，一般是使被测量值小于但接近于所选择的量程，而不可选择过大的量程。

1.4　动力电源与用电安全措施

实验室为用电设备等提供动力电源，都是来自市电——交流 380V/50Hz 或 220V/50Hz，因此在进入实验室进行实验之前，应对实验室的配电情况有所了解，做到正确操作、安全用电。

1.4.1　实验室的动力电源

实验室的动力电源直接由配电室供给。在实验室供电系统（见图 1-3）中，交流三相动力电源的始端 A、B、C 称为端线或"相线",一般用红、黄、绿颜色的导线由配电室引入实验室。三相电源的末端 X、Y、Z 连接在一起,形成一个公共点 N 称为中性点,在变电所被埋入大地,并在配电室再次与大地相连接,因其对地相位为 0,故称为零线。

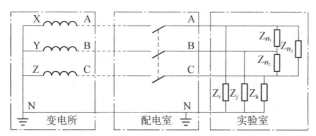

图 1-3　实验室供电系统

交流三相电源 A、B、C 间的电压是 380V,称为线电压。电源 A、B、C 与中性点 N 之间的电压是 220V,称为相电压。为了消除三相负载不平衡而造成中性点的位移,通常采用三相四线制的星形(有时也称"Y"形)连接方式。

除了三相电动机如 Z_n 等电气设备使用 380V/50Hz 供电外,实验室的电子设备一般都采用交流 220V/50Hz 单相供电,即在一相相线与零线之间,接入电器 Z_i(或 Z_j、Z_k),其中 i(或 j、k)=1,2,3…。为了保证用电安全,避免操作者在操作过程中意外地触电,通常要求用电设备的金属外壳与大地相连接,因此在实验室中引入一条与大地连接良好的地线。这样从实验室的配电盘(柜)到实验台应有 5 条供电导线,如图 1-4 所示,为使三相负载尽可能达到平衡,实验台的各电源插座被引到了不同的相线(A、B、C)上。

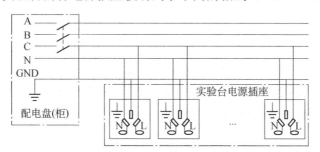

图 1-4　电工实验台电源配线

按照电工操作规程,两孔插座与动力电源的连接要求是左孔接零线(N),右孔接相线(L)。3 孔插座除了按左"零"右"相"连接之外,中间孔接地线(GND),即"左零右相中间地"。因此实验室的供电系统是三相四线一地制,也称"三相五线制"。

1.4.2　保护地的作用

1．零线与地线的区别

由图 1-3 和图 1-4 可知,零线与地线都与大地相连接,但是二者的功能有着本质的区别。零线是电路的一部分,与相线及电器构成闭合回路,零线电流是三相相线电流的相量和,一般情况下不为 0;地线不与任何供电部分构成回路,只与用电设备的外壳相连接,提供一个与大地相同的电位,正常情况下电压电流均为 0。

值得注意的是零线电压虽然为 0,但不能作为电路的参考点;而地线则是交流电路系统的零电位参考点。在同一电路图中,两者不能用相同的电路符号。实际操作过程中,严禁将两者连接在一起,否则会造成安全事故。

2．地线的作用

地线在实验室供电系统中有着重要的作用:①为操作者提供零电位测量参考点;②为电路系统抗高频干扰提供屏蔽作用;③供电线路发生漏电时,通过漏电保护器自动切断电源,保证安全,避免意外发生。因此地线也称为保护地线。

1.4.3 安全用电

安全用电是实验课中自始至终要注意的一个重要问题。实验中一定要确保人身安全和仪器设备的安全。

实验室的供电电压已经超出了人体的安全电压范围 36V。当人体直接接触动力电源的相线时,就会遭到电击或被电灼伤,严重时会危及生命。识别相线和零线,最简单的办法是用试电笔来测试。试电笔由金属探头、氖灯炮、电阻(其阻值大于 1MΩ)、尾部金属等组成。使用时只要将手指与试电笔的尾部金属接触,将金属探头放到电源插孔即可。这时电源从金属探头、氖灯炮、电阻、尾部金属及人体到大地构成回路。若是相线,氖灯炮发光;若是零线,氖管不发光。

电路实验课中,应留意所用仪器电源线有无破损;使用电烙铁进行焊接时,应将电烙铁远离所有电源线等物体,避免烧破绝缘皮层造成漏电伤人及引起火灾等事故的发生;但也不能胆怯,因为有绝缘措施的用电装置是安全的。

实验操作时,严格按照用电安全规则操作。接线与改线或拆线都必须切断电源。这不仅是对使用动力电时的要求,对于 36V 以下的弱电实验也应如此。因为虽然此时对人身无危险,但带电操作会使实验中的元器件损坏。应养成"先接线后通电,先断电后拆线"的良好习惯。

强电实验中,严禁在通电情况下人体接触裸露的金属部分及仪器的外壳。虽然仪器的外壳已经接地,但也不要随意用手接触。因为一旦身体其他部位意外触及相线,通过手与机壳的接触构成回路,也能造成触电事故。

每台仪器只有在额定电压下才能正常工作。当电压过高或过低时都会影响仪器的正常工作,甚至烧毁仪器。我国生产并在国内销售的电子仪器多采用交流 220V/50Hz 供电,在一些进口或外销的电子产品中,有一个"220V/110V"的电源选择开关,通电前一定要将此开关置于与供电电压相符的位置(我国低压电网是交流 220V,而日本和美国、加拿大等国家采用交流 110V 供电)。另外还应注意仪器的用电性质,是交流电还是直流电,不能用错。若用直流供电,除电压幅度要满足要求外,还要注意电源的正、负极性。

1.4.4 触电事故预防及现场处置方案

1．触电事故类型

触电事故是电流通过人体或带电体与人体间发生放电而引起人体的病理、生理效应所造成的人身伤害事故。触电事故类型可分为电击事故和电伤事故。

2．触电伤害的危害程度

当流经人体的电流大于 10mA 时，人体将会产生危险的病理生理效应，并随着电流的增大、时间的增长将会产生心室纤维性颤动，乃至人体窒息（"假死"状态），在三分钟内就会夺去人的生命。

3．预防措施

① 在有触电危险的实验室处设置醒目的文字或图形标志。

② 实验室墙上电源未经允许不得拆装、改线，严禁乱接、乱拉电线。

③ 不准使用闸刀开关、木质配电板和花线；实验室内应使用空气开关，配备必要的漏电保护器；对电线老化等隐患要定期检查、及时排除。

④ 需配备足够的用电功率和电线，不准超负荷用电；多个大功率仪器不得共用一个接线板；不得多个接线板串接；空调必须有专用插座，不得通过接线板连接使用。

⑤ 电气设施有良好的散热环境，远离热源和可燃物品，确保电气设备接地、接零良好；设备的金属外壳采用保护接地措施。

4．触电现场处置措施

（1）低压触电事故脱离电源方法

① 立即拉掉开关、切断电源。

② 如电源开关距离太远，用有绝缘把的钳子或用带木柄的斧子断开电源线。

③ 用木板等绝缘物放在触电者身下，以隔断流经人体的电流。

④ 用干燥的衣服、手套、绳索、木板等绝缘物作为工具，拉开触电者及挑开电线使触电者脱离电源。

（2）高压触电事故脱离电源方法

① 立即通知有关部门停电。

② 戴上绝缘手套，穿上绝缘鞋，再用相应电压等级的绝缘工具拉开开关。

5．现场急救

当触电者脱离电源后，应根据触电者的具体情况，迅速采取方法进行救护：

① 触电者伤势不重，应使触电者安静休息，不要走动，密切观察并请医生前来诊治或送往医院。

② 触电者失去知觉，但心脏跳动和呼吸还存在，应使触电者舒适、安静地平卧，解开他的衣服以利呼吸。同时，要速请医生救治。

③ 如果触电者伤势严重，呼吸及心脏停止，应立即施行人工呼吸和胸外挤压（即启动国际认可的 CTR 技术），如图 1-5 所示。并速请医生诊治或送往医院。

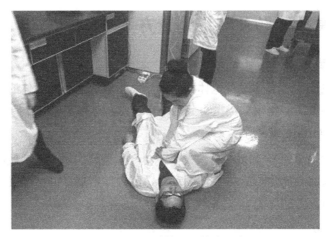

图 1-5 国际认可的 CTR 技术示意图

6．注意事项

① 救护人不可直接用手或其他金属及潮湿的构件作为救护工具，而必须使用适当的绝缘工具。救护人要用一只手操作，以防自己触电。

② 防止触电者脱离电源后可能的摔伤。特别是当触电者在高处的情况下，应考虑防摔措施。即使触电者在平地，也要注意触电者倒下的方向，注意防摔。

1.5 电路实验故障排除

在电路实验过程中，故障往往是不可避免的。对一个初学者来说，总希望电路实验能一次成功，实现电路的全部功能，达到预期的任务目标。然而，实际情况往往并非如此，电路实验中会出现故障，这些都是正常现象。学生须通过对实验现象的分析检查，找出故障，加以排除。

1．常见故障及产生的原因

未按电路原理图连接实验电路，改变了电路的结构；弄错元器件类型、元器件的极性、连接短路或断路等。

接错了电源，电源极性接错或弄错电源的输出值，这也是初学者容易出现的错误。如在实验 4.5 戴维南与最大功率传输定理中，在进行电路等效验证时未及时正确地预置电压源的输出值，就得出了错误的输出结果。有时做实验时，甚至在未打开电源的情况下进行测量，出现所测电流或电压值为 0 的错误现象。

没有仔细查看型号用错仪表。如使用交流电流表测量直流电流；量程选择过大，指针无动作或显示屏无显示，造成无信号或断路的假象；量程选择过小，指针满格偏转或显示溢出值，造成电路短路的假象；量程挡位放错，如测量交流电压时错放在直流挡位上。

测量时多点接地。当实验中的仪器使用三孔插座插头时，各仪器测量线的黑色线夹均与大地相连接，此时若将黑色线夹在电路的不同位置时，就将产生多点接地现象，使电路中某些支路短路。如用双踪示波器测量波形时，两根探头的接地线一端接在电路的公共端，另一端接在电路的其他端，就出现了某条支路短路的此类故障。

仪器或仪表的接地线未接到电路中而处于悬空状态，这种情况下无论激励信号怎样改变，指针始终处于一个不变的位置，数字表显示始终处于溢出状态，示波器显示屏上出现严重失真并抖动的信号波形。

仪器使用不当，如功率表的连线不正确等。

仪器仪表故障，如仪表的旋钮松动偏离了正常（量程）位置，使测量值与理论值严重不符。再如，电阻元器件损坏或导线接触不良，如稳压二极管已经烧坏或运算放大器芯片已毁坏；电源线、测量线或连接导线断路或接触不良，使电路不能正常工作或测量值不正常、无信号或信号时有时无；外部绝缘部分未损害而内金属导线已断未发现。

2．故障排除的一般方法

排除故障的过程就是查找发生故障的原因的过程。绝大多数故障是学生实验预习不充分，对实验环境和实验内容不熟悉所致。排除这些故障的方法也极为简单：做好实验课前预习，做到有备而来，认真细致，一丝不苟，就会不犯或少犯这样低级的错误，也就减少了故障出现的频率。

元器件损坏或导线内部断线、接触不良及连线错误造成的故障，一般需要借助仪器或仪表及实验者的经验来检查和判断。使用仪器或仪表检查，分为断电检查（电阻测量）和通电检查（电压测量）两种方法。当实验中产生短路、冒烟、异味等破坏性故障时，必须采用断电检查来排除故障。

（1）电阻测量法

关掉实验电路中的电源，按照实验原理图，对实验电路的每一部分用万用表的欧姆挡测量其电阻值，或使用（数字万用表）蜂鸣器挡测量其通断。包括每一根导线、导线与电源、导线与元器件之间的连接点等都要一一认真检查。根据被测点的阻值大小或蜂鸣器的报警情况找出故障点。

（2）电压测量法

在工频和直流实验中，若实验电路工作不正常，但不是破坏性故障时，可以接通电源用数字万用表的电压挡，对每个节点进行检查，根据被检查点电位的高低找出故障点。一般从电源电压查起，首先查看电源电压是否正常，若电压输出不正常，应去掉外电路，单独查看电压的输出；电压输出正常后电路工作仍不正常，用万用表的黑表笔接电源参考地点，红表笔逐一检查每一节点与参考点之间的电位，对照原理图，判断该点电位是否正确。

在信号频率较高的实验中，可利用示波器观测各节点电压波形来查找故障点。示波器探头黑色线夹始终与电压参考点相连接，用红色线夹观测各节点或元器件引脚的信号波形或工作电压是否正常，通过分析，找出原因，排除故障。

总之，在故障检查中，根据理论进行分析后，对电路各部分工作状态应清楚，对所检测的每一点，应当是通还是断、电位是高还是低，做到心中有数，这样才能做到对故障点判断准确无误。

第 2 章　常用元器件和电子仪器的使用

电路元器件种类、型号很多，只有了解常用元器件的种类、性能、用途等，才能在电路设计中灵活应用。

2.1　电阻器和电位器

电阻器（简称电阻）是电子电路中最常用的电子元件，它在电路中起到分压、分流、限流、阻抗匹配等作用。根据制作材料不同，电阻器可分模式电阻、实心式电阻、金属线绕电阻和特殊电阻等；根据其阻值是否可变，电阻器可分为微调电阻、可调电阻、电位器等。

2.1.1　电阻器与电位器的符号及类型

国家标准规定，电阻器图形及符号如图 2-1 所示。固定电阻器用字母 R（Resistor）表示，电位器用 R_p 和 R_w 表示。

(a) 固定电阻器　　　(b) 电位器

图 2-1　电阻器图形及符号

1．固定电阻器

固定电阻器的种类很多，由于制作材料和工艺的不同，可分为模式电阻、实心式电阻、金属线绕电阻（RX）和特殊电阻四种类型。

- 模式电阻包括碳膜电阻 RT、金属膜电阻 RJ、合成膜电阻 RH 和氧化膜电阻 RY 等。
- 实心式电阻包括有机实心电阻 RS 和无机实心电阻 RN。
- 金属线绕电阻包括珐琅和水泥电阻 RX 等。
- 特殊电阻包括光敏电阻 MC 和热敏电阻 MF 等。

2．电位器

电位器的分类有以下几种：

- 按电阻体材料分为薄膜和线绕电位器。
- 按调节机构的运动方式分为旋转式和直滑式电位器。
- 按结构分为单联、多联、带开关、不带开关等电位器。
- 按用途分为普通、精密、功率、微调和专用等电位器。

常用电阻器的外形如图 2-2 所示。

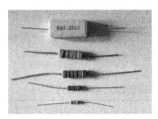

(a) 固定电阻器　　　　　(b) 电位器

图 2-2　常用电阻器的外形

2.1.2　电阻器与电位器的命名方法

为了区别不同种类的电阻器，常用拉丁字母和数字表示电阻型号：第一部分用字母表示主称，第二部分用字母表示材料，第三部分用数字或字母表示分类，第四部分用数字表示序号。

我国电阻器的型号命名法见表 2-1。

表 2-1　我国电阻器的型号命名法

第一部分		第二部分		第三部分		第四部分
用字母表示主称		用字母表示材料		用数字或字母表示分类		数字表示序号
符号	意义	符号	意义	符号	意义	
R	电阻器	T	碳膜	1、2	普通	包括额定功率、阻值、允许误差等
W	电位器	P	硼碳膜	3	超高频	
		U	硅碳膜	4	高阻	
		H	合成膜	5	高温	
		I	玻璃釉膜	7	精密	
		J	金属膜	8	高压	
		Y	氧化膜	9	特殊	
		S	有机实心	G	高功率	
		N	无机实心	T	可调	
		X	线绕	X	小型	
		R	热敏	L	测量用	
		G	光敏	W	微调	
		M	压敏	D	多圈	

2.1.3 电阻器与电位器的技术指标

电阻器的主要技术指标是额定功率和标称阻值。

1．额定功率

额定功率是指在规定的环境温度下，假设周围空气不流通，在长期连续工作而不损坏和不改变电阻性能的情况下，允许消耗的最大功率。当超过其额定功率范围时，电阻的阻值及性能会发生变化，甚至发热烧毁。所以选择额定功率时要留有余量（大1～2倍）。常用电阻器的额定功率系列见表2-2。

表2-2 常用电阻器的额定功率系列

线绕电阻器额定功率系列/W	非线绕电阻器额定功率系列/W
0.05　0.125　0.25　1　2　4　8　12　16　25　40　75　100　250　500	0.05　0.125　0.25　1　2　5　10　25　50　100

需要注意的是，电位器的额定功率是两个固定端上允许消耗的最大功率，不等于中间抽头与固定端之间的功率。

2．标称阻值

标记在电阻器上的阻值称为标称值。通用电阻的标称值系列和允许误差见表2-3（该标称值系列也适用于电位器和电容器）。

表2-3 通用电阻的标称值系列和允许误差

标称值系列	允许误差	标称值
E24	+5%	1.0　1.1　1.2　1.3　1.5　1.6　1.8　2.0　2.2　2.4　2.7　3.0 3.3　3.6　3.9　4.3　4.7　5.1　5.6　6.2　6.8　7.5　8.2　9.1
E12	+10%	1.0　1.2　1.5　1.8　2.2　2.7　3.3　3.9　4.7　5.6　6.8　8.2
E6	+20%	1.0　1.5　2.2　3.3　4.7　6.8

注：实际数值为表中数值或表中数值乘以10^n，其中n为正整数或负整数。

3．精度

实际阻值与标称阻值的相对误差称为电阻的精度。普通电阻的精度可分为±5%、±10%、±20%三种，精密电阻的精度可分为±2%、±1%、±0.5%、±0.1%、±0.05%等。在电子产品设计中，可根据电路的不同要求选用不同精度的电阻。精度越高，电阻的价格越贵。

4．阻值和误差的标注法

（1）直标法

直标法即电阻器的主要参数和性能指标用数字或字母直接标注在电阻器上，允许误差用百分数表示，未标误差值即为±20%的允许误差。例：电阻器上标注为1W2.7kΩ5%，表示电阻功率为1W，标称阻值为2.7kΩ，允许误差为5%。

（2）文字符号法

文字符号法将电阻器的标称值用数字和文字符号法按一定的规律组合标示在电阻器体上，文字符号前面的数字表示阻值的整数部分，后面的数字表示阻值的小数部分，见表2-4。其允许误差用字母表示：J为±5%、K为±10%、M为±20%等。例：1Ω1J，表示1.1Ω，允许误差为±5%;8K2,表示8.2kΩ。

表2-4 电阻器标称阻值的文字符号、单位及名称

文字符号	单位	名称	文字符号	单位	名称
R	Ω (10^0)	欧姆	K	$k\Omega$ (10^3)	千欧
M	$M\Omega$ (10^6)	兆欧	G	$G\Omega$ (10^9)	吉欧
T	$T\Omega$ (10^{12})	太欧			

(3) 色标法

色标法用不同颜色的色环表示电阻器的阻值及误差等级。用色环标记的电阻器,其颜色醒目、标记清楚、不易褪色,从每个方向都能看清电阻器的阻值和允许误差,给调试和维修带来极大的方便,已被广泛采用。普通电阻器采用四色环表示法,精密电阻器采用五色环表示法。各色环颜色代表的含义见表2-5。色环法表示的电阻值单位一律是Ω(欧姆)。

表2-5 各色环颜色代表的含义

色 环	左第1环 第1位数	左第2环 第2位数	左第3环 第3位数	右第2环 应乘倍率	右第1环 精度
棕	1	1	1	10^1	F±1%
红	2	2	2	10^2	G±2%
橙	3	3	3	10^3	
黄	4	4	4	10^4	
绿	5	5	5	10^5	D±0.5%
蓝	6	6	6	10^6	C±0.2%
紫	7	7	7	10^7	B±0.1%
灰	8	8	8	10^8	
白	9	9	9	10^9	
黑	0	0	0	10^0	
金				10^{-1}	J±5%
银				10^{-2}	K±10%

色标电阻(色环电阻)可分为三环、四环、五环和六环等标法。常用的三、四、五环色环含义如图2-3所示。为了避免混淆,第五环的宽度是其他色环的1.5～2倍。

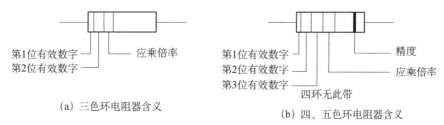

(a) 三色环电阻器含义   (b) 四、五色环电阻器含义

图2-3 常用的三、四、五环色环含义

三色环电阻器的色环，表示标称电阻值（允许误差均为±20%）。例：色环为棕、黑、红，表示 $10×10^2=1.0\text{k}\Omega±20\%$ 的电阻。

四色环电阻器的色环，表示标称电阻值（2位有效数字）及精度。例：色环为绿、棕、橙、金，表示 $51×10^3=51\text{k}\Omega±5\%$ 的电阻。

五色环电阻器的色环，表示标称电阻值（3位有效数字）及精度。例：色环为红、紫、绿、黄、棕，表示 $275×10^4=2.75\text{M}\Omega±1\%$ 的电阻。

有些色环电阻由于厂家生产不规范，无法用上面的特征判断，这时只能借助万用表进行测量。

2.2 电容器

电容器（简称电容）也是电子电路中最常用的电子元器件之一，它是一种储能元器件。电容器在电路中具有隔断直流电、通过交流电的作用，因此常用于极间耦合、滤波、去耦、旁路及信号调谐。

电容器由两个金属极和中间的绝缘材料（介质）构成。不同的绝缘材料，所构成的电容种类也有所不同。

2.2.1 电容器的符号及类型

国家标准规定，电容器图形及符号如图2-4所示。电路中，电容器的符号用 C（Capacitor）表示。

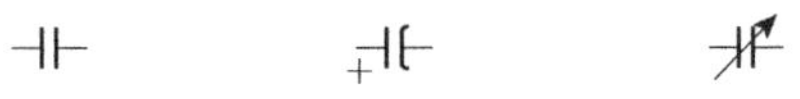

(a) 无极性电容　(b) 电解电容　(c) 可变电容

图 2-4 电容器的图形及符号

电容器的类型包括以下几种：
- 按结构划分为固定电容、可变电容和微调电容。
- 按介质材料划分为气体介质电容、液体介质电容、无机固体介质电容、有机固体介质电容和电解电容。
- 按极性划分为有极性电容和无极性电容。

常用电容器的外形如图2-5所示。图2-5中从左至右第4个元器件电解电容从电容器的外形就能辨别出正负极，长脚表示电容器的正极，短脚表示电容器的负极；但有时电解电容器的脚已被剪平，此时可以从电容器的表面上能看出一列"-"符号，说明该极为负极。

图 2-5 常用电容器的外形

2.2.2 电容器的主要技术指标

电容器的主要技术指标有电容器的耐压值、容许误差和标称容量等。

1. 电容器的额定工作电压

电容器长期连续可靠工作时,两电极间能承受的最高电压,称为电容器的额定工作耐压,简称耐压值。常用固定式电容的直流工作电压为 6.3V、10V、25V、40V、63V、100V、160V、250V、400V、630V、1000V、2000V 等。

2. 电容器容许误差等级

电容器的常见容许误差等级有 7 个,见表 2-6。

表 2-6　电容器的常用容许误差等级

容许误差	±2%	±5%	±10%	±20%	+20% −30%	+50% −20%	+100% −10%
级别	0.2	I	II	III	IV	V	VI

3. 电容器的标称容量

容量表示电容器的储存电荷的能力。常用单位是 F(法拉)或 pF(皮法)。标称容量是印在电容器上的名义电容量,常用标称值容量系列表示。实际电容器的容量与标称容量之间的误差称为允许误差,用精度表示。常用电容器的标称容量值系列见表 2-7。

表 2-7　常见电容器的标称容量值系列

标称值系列	允许误差	标称值
E24	+5%	1.0　1.1　1.2　1.3　1.5　1.6　1.8　2.0　2.2　2.4　2.7　3.0 3.3　3.6　3.9　4.3　4.7　5.1　5.6　6.2　6.8　7.5　8.2　9.1
E12	+10%	1.0　1.2　1.5　1.8　2.2　2.7　3.3　3.9　4.7　5.6　6.8　8.2
E6	+20%	1.0　1.5　2.2　3.3　4.7　6.8

注:标称容量为表中数值或表中数值乘以 10^n,其中 n 为正整数或负整数。

4. 电容器的标志方法

(1)直标法

容量单位:F(法拉)、μF(微法)、nF(纳法)和 pF(皮法)。

1 法拉 = 10^6 微法 = 10^{12} 皮法,1 微法 = 10^3 纳法 = 10^6 皮法,1 纳法 = 10^3 皮法。

电容量小于 10^4pF 的电容器，一般采用直标法，只标注数值而省去单位。例如，4700 表示 4700pF；电容量在 $10^4\sim10^6$pF 之间的电容器，以 μF 为单位，以小数点为标记，也只标注数值而省去单位。例如，0.1 表示 0.1μF，0.047 表示 0.047μF。

（2）数码表示法

数码表示法用 3 位数码表示容量大小，单位为 pF。前两位为有效数字，后一位表示倍率，n 为第三位数字，即乘以 10^n。例如，101 表示 100pF，102 表示 1000pF，473 表示 47000pF；若第三位数字是 9，则乘以 10^{-1}，339 表示 3.3pF。

（3）色码表示法

这种表示法和电阻器的色环表示法是类似的，颜色涂于电容器的一端或从顶端向引线排列。色码一般只有 3 种颜色，前两环为有效数字，第 3 环为倍率，单位为 pF。例如，红、红、橙，表示 22×10^3=22000pF。

2.3 电感器

电感器是能够把电能转化为磁能而存储起来的元件，通常简称为电感。电感的作用多是扼流滤波和滤除高频杂波，在电路中电感的符号用 L（Inductor）表示，单位为 H、mH、μH，电感的符号和常用电感的外形如图 2-6 所示。

（a）理想电感　　（b）实际电感　　（c）常用电感的外形

图 2-6　电感的符号和常用电感的外形

电感是用线圈制成的，线圈具有一定量的电阻，所以在电路中也常用图 2-6（b）所示的方式绘制。

电感在直流电路中就是一条直线，它只阻止电流的变化，所以电感具有通直流隔交流的作用，也称为扼流器、电抗器。

只有外形像电阻的电感才可以读出电感值，通常为色标电感，如图 2-6（c）所示中间的元器件，其中色环的含义与电阻完全相同，不再赘述。

2.4 半导体元器件

半导体元器件的种类很多，通常分为二极管、三极管、晶闸管（SCR）、场效应管（FET）等几大类。

我国半导体元器件的型号由五部分组成，半导体元器件的型号命名见表 2-8。

表 2-8 半导体元器件的型号命名

第一部分		第二部分		第三部分		第四部分	第五部分
用数字表示器件的电极数目		用汉语拼音首字母表示器件的材料和极性		用汉语拼音首字母表示器件的类型		用数字表示器件的序号	用汉语拼音首字母表示器件的规格号
字符	意义	符号	意义	符号	意义		
2	二极管	A	N 型材料	P	普通管		
		B	P 型锗材料	W	稳压管		
		C	N 型硅材料	Z	整流管		
		D	P 型硅材料	K	开关管		
3	三极管	A	PNP 型锗材料	X	低频小功率		
		B	NPN 型锗材料	G	高频小功率		
		C	PNP 型硅材料	D	低频大功率		
		D	NPN 型硅材料	A	高频大功率		
		E	化合物材料				

例如，2CW51 表示：硅材料稳压二极管，序号为 51。又如，3DG6 表示，NPN 硅材料，高频小功率三极管，序号为 6。

2.4.1 晶体二极管

1．晶体二极管的类型及电路符号

二极管种类很多，按制造材料分类，可以分为锗二极管、硅二极管、砷化镓二极管；按制造工艺可分为点接触型和面接触型二极管；按用途可分为稳压、整流、检波、光电、开关、双向稳压等二极管；按封装形式可分为金属、玻璃、塑封封装等二极管。晶体二极管有正、负两根电极，同样正负极从二极管的外形中可以辨别出，如发光二极管长脚是正极，短脚是负极；整流二极管有白色环的一边是负极等。其常用二极管的电路符号及外形如图 2-7 所示。

(a) 普通二极管　　(b) 稳压二极管　　(c) 发光二极管　　(d) 常用二极管外形

图 2-7　常用二极管的电路符号及外形

2．普通二极管的参数

不同类型的二极管有不同的参数指标。普通二极管的极限参数中最常用的有两个：最大工作电流和最高反向电压，当然还有反向电流、最高工作频率等。这些参数直接影响二极管在电路中能否正常工作。各类型号的二极管参数可以查阅相关资料，表 2-9 列出了部分常用二极管的型号和参数。

表 2-9　常用二极管的型号和参数

型号	参数名称			应用
	最大整流电流 I_{CM}/mA	最大正向电流 I_{FM}/mA	最高反向工作电压 U_{RM}/V	
2AP7 2AP9 2AP11	12 5 25		100 15 10	检波
2CP1 2CP10 2CP20	500 100 100		100 25 600	一般
1N4001~1N4007	1000		50~1000	整流
2AK1 2AK5 2AK14		150 200 250	10 40 50	开关

3．稳压二极管

稳压二极管又称齐纳二极管，也是由一个 PN 结组成的。当它的反向电压大到一定数值（即稳压值）时，PN 结被击穿，反向电流突然增大，而反向电压基本不变，从而实现稳压功能。在电路中使用稳压二极管时，必须接限流电阻，否则电流过大，会击穿二极管。实际使用时，限流电阻的阻值选取也很重要，选择不合适很容易烧坏稳压二极管，限流电阻选择的原则不要超过稳压二极管的最大稳定电流。稳压二极管的主要参数有稳定电压、稳定电流和最大耗散功率等。稳压二极管常在电子电路中起稳压、限幅等作用。各类型号的稳压二极管参数可以查阅相关资料，常用稳压二极管的型号和参数见表 2-10；还有一种稳压二极管是由两个背靠背稳压二极管组成的，称为双向稳压二极管，在使用时也要接限流电阻。

表 2-10　常用稳压二极管的型号和参数

型号	参数名称			
	最大耗散功率 P_{ZW}/mW	最大稳定电流 I_{ZM}/mA	稳定工作电压 U_Z/V	动态电阻 r_z/Ω
2CW11	250	55	3.2~4.5	≤70
2CW14	250	33	6~7.5	≤15
2CW15	250	29	7~8.5	≤15
2CW17	250	23	9~10.5	≤25
2CW20	250	15	13.5~17	≤60
2CW51	250	71	2.5~3.5	≤50
2CW53	250	41	4.0~5.8	≤50
2CW55	250	33	6.2~7.5	≤15
1N4735A	1000	41	5.9~6.5	≤2
2DW231	200	30	±（5.8~6.6）	≤10

例如，以 2CW51 为例，设输出稳压值为 3.5V，如何计算限流电阻 R_0 的阻值大小。

因 2CW51 最大稳定电流是 71mA，说明流过稳压二极管的电流不能大于 71mA，若稳压二极管和串接限流电阻对地电压是12V，那么稳压二极管的限流电阻 $R_0 \geq$（12-3.5V）/71 mA ≈120Ω。

4．发光二极管

发光二极管同样具有单向导电特性，它在正向导通时会发光，发光的颜色与其材料有关，强度与流过它的正向电流有关。发光二极管为各类显示元器件及光电传感元器件，在实际电子电路中得到了越来越广泛的应用。

2.4.2 晶体三极管

1．晶体三极管的类型及电路符号

三极管的种类很多，按频率不同可分为低频、高频和甚高频；按功率不同可分为小功率、中功率和大功率；按用途不同可分为放大管、开关管、阻尼管、达林顿管等。

三极管是由两个PN结构成的三端有源元器件，内含3个导电区域。从3个导电区引出3根电极，分别为集电极（C）、基极（B）和发射极（E）。三极管既可组成放大、振荡电路及各种功能的电子电路，又具有开关特性，可应用于各种数字电路、控制电路，是组成数字电路和模拟电路的重要元器件之一。常用三极管的电路符号及外形如图2-8所示。

(a) 电路符号　　　　(b) 外形

图2-8　常用三极管的电路符号和外形

2．晶体三极管的参数

三极管的参数有电流直流放大系数、集-射反向击穿电压、最大允许集电极电流、最大允许集电极耗散功率和特征频率等，分别定义如下。

（1）电流直流放大系数 β

为三极管放大区的直流参数，定义为在额定的集电极电压 U_{CE} 和集电极电流 I_C 的情况下，集电极电流 I_C 与基极电流 I_B 之比。β 是三极管的主要参数之一，通常在使用手册中都会给出。

（2）集-射反向击穿电压 $U_{(BR)(CEO)}$

三极管集-射反向击穿电压指基极开路时集电极与发射极间的反向击穿电压。使用时，电路中各极之间的反向电压必须小于反向击穿电压值，否则将使三极管造成永久性损坏。

（3）最大允许集电极电流 I_{CM}

最大允许集电极电流指三极管在使用时，集电极电流不能超过的最大值。

（4）最大允许集电极耗散功率 P_{CM}

使用时，集电极实际消耗的功率 P_C 不允许超过 P_{CM}，否则结温上升，管子被烧坏。

（5）特征频率 f_T

频率增高到一定值后，$\Delta\beta=\Delta i_C/i_B$ 开始下降，使 $\beta=1$ 的频率称为特征频率，此时意味着三极管没有电流放大能力。

三极管的其他参数可以查手册得到。常用三极管型号和参数见表 2-11。

表 2-11 常用三极管型号和参数

型号	参数名称				
	电流直流放大系数 β	集-射反向击穿电压 $U_{(BR)(CEO)}/V$	最大允许集电极电流 I_{CM}/mA	最大允许集电极耗散功率 P_{CM}/mW	特征频率 f_T/MHz
3DG6B	≥30	≥15	20	200	≥250
3DG12B	≥20	≥45	300	700	≥200
3AX81A	30~250	≥10	200	200	≥6kHz
3AX81B	40~200	≥15	200	200	≥6kHz
3DX1A	≥9	≥20	40	250	≥0.2
3DX1B	≥14	≥20	40	250	≥0.46
3DK8A	≥20	≥15	200	500	≥80
3DK10A	≥20	≥20	1500	1500	≥100

2.5 运算放大器

运算放大器（简称运放），它是一种集成化的半导体器件，即由若干三极管、电路等集成在一块芯片上制成，实质上是一个具有很高放大倍数、直接耦合的多级放大电路。运算放大器常用于交、直流放大电路，基本运算单元，比较器，振荡器和跟随器等。

运放是一种线性集成电路，为多端有源器件，uA741 运放的外形引脚图和电路图符号如图 2-9 所示。

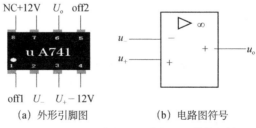

(a) 外形引脚图　　　　　(b) 电路图符号

图 2-9　uA741 运放的外形引脚图和电路图符号

运放可分为通用型和专用型两大类。通用型具有价格便宜、直流特性好、性能指标兼顾的特点，能满足多领域、多用途的应用要求；专用型是根据需要突出某项指标的性能要求，常用的有高精度型、低功耗型、高压型、高输入阻抗型等。运放在使用时，一定要加电源，一般可在一定的电压范围内工作，典型值为±（3~18）V。

2.6 数字万用表

1. 概述

万用表是一种多功能、多量程的仪表。常用的万用表具备基本的交直流电压、电流、电阻、电容、频率、三极管、二极管及导线通断测量功能。万用表可分为模拟式(即指针式)和数字式两大类。目前,数字式万用表(有时简称数字万用表)应用比较广泛,具有测量精度高、极性自动转换、读数直观等优点。

测量准确度和显示位数是数字万用表的两个很重要的指标。一般而言,显示位数越多,其测量准确度越高,但二者并不完全一致。例如,显示位数相同的两个表,其测量准确度也可能有很大差距。

常见的数字万用表显示位数有 $3\frac{1}{2}$、$3\frac{2}{3}$、$3\frac{3}{4}$、$4\frac{1}{2}$、$5\frac{1}{2}$、$6\frac{1}{2}$、$7\frac{1}{2}$、$8\frac{1}{2}$ 位共 8 种。其中,$3\frac{1}{2}$、$3\frac{2}{3}$、$3\frac{3}{4}$ 位万用表最大显示数值依次为 1999、2999、3999;$4\frac{1}{2}$、$5\frac{1}{2}$、$6\frac{1}{2}$、$7\frac{1}{2}$、$8\frac{1}{2}$ 位万用表位数显示规律同 $3\frac{1}{2}$ 位万用表。平常所谓的"三位半"万用表即 $3\frac{1}{2}$ 位万用表。该称谓的含义是指显示位最高位只能显示"1"或不显示,称为"半位";其他位能显示 0~9 的任意一个数字。

UT802 型数字万用表是 1999 计数 $4\frac{1}{2}$ 数位(俗称"四位半")、手动量程、便携台式、交直流供电两用的数字万用表。具有大屏幕带背光的超大字符显示、全功能、全量程过载保护和独特的外观设计,而且自带工具箱使之成为性能更为优越的电工测试仪表。本仪表可用于测量:交直流电压、交直流电流、电阻、频率、电容、温度、三极管 h_{FE}、二极管和蜂鸣电路通断。

2. 功能简介

UT802 型数字万用表控制面板如图 2-10 所示。下面从数字万用表控制面板上的按钮、插孔、功能挡选择表盘及 LCD 显示屏四方面具体介绍。

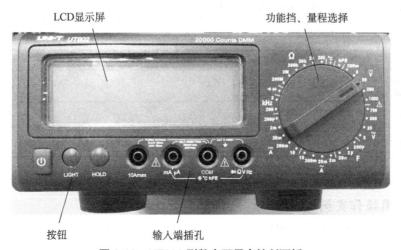

图 2-10 UT802 型数字万用表控制面板

UT802 型数字万用表按钮、插孔功能见表 2-12;UT802 型数字万用表量程旋钮功能见

表2-13；UT802型数字万用表LCD显示屏的字符解释见表2-14。

表2-12 UT802型数字万用表按钮、插孔功能

按钮/旋钮名称	功　　能
⏻	电源开关：按下时启动数字万用表，弹出时关闭数字万用表 （注意：检查仪器背面的"POWER INPUT"开关位置，应设置在右侧"ADAPTER"）
LIGHT	背光控制开关：按下时，LCD显示屏有背光；弹出时，LCD显示屏无背光
HOLD	保持模式开关：按下时，LCD显示屏显示信息保持按下瞬间的数值不变化，显示屏左下角显示"├┤"标志；弹出时，LCD显示信息变为正常动态显示
mA μA 电流测量输入端	测量0~200mA电流时，将红色表笔插入该端口
10Amax 电流测量输入端	测量200mA~10A电流时，将红色表笔插入该端口
公共端（COM）	黑色表笔插入该端口。接被测电路的公共接地端
电阻、电压、频率测量输入端（ΩV Hz）	测量电压、电阻、频率时，将红色表笔插入该端口

表2-13 UT802型数字万用表量程旋钮功能

旋钮箭头指向位置	功　　能
直流电压挡（V-）	测量直流电压时在该挡位区域中选择相应量程
交流电压挡（V~）	测量交流电压时在该挡位区域中选择相应量程
直流电流挡（A-）	测量直流电流时在该挡位区域中选择相应量程
交流电流挡（A~）	测量交流电流时在该挡位区域中选择相应量程
电阻挡（Ω）	测量电阻时在该挡位区域中选择相应量程
二极管及线路通断测试挡	测试二极管的好坏及线路的通断状况时，选择该挡位

表2-14 UT802型数字万用表LCD显示屏的字符解释

显示字符	意　　义
Manu Range	手动量程提示符
Warning！	警告提示符
🔋	电源选择电池供电时，电池欠压提示符
⚡	高压提示符
AC	AC交流测量提示符（直流测量不提示）
H	保持模式提示符
▶┤	二极管测量提示符
•)))	蜂鸣通断测量提示符
ǀ.ǀ	被测信号的参数数值超出数字万用表当前所在的量程最大值

3．使用操作实例

下面以测量一个频率为100Hz、有效值为1V的正弦电压信号为例来详细说明数字万用表的使用操作方法。具体测量操作步骤如下。

① 按下"电源开关"键启动数字万用表。

② 确保"HOLD"键处于弹出位置。

③ 旋转"挡位/量程选择"旋钮，令箭头刻痕指向"V～"区域的"2V"量程。此时，显示屏左下角位置显示"AC"标志，表示挡位为交流。

④ 将黑色表笔插入"COM"端，红色表笔插入"ΩVHz"端。黑色表笔另一端接到被测电路的公共接地端，红色表笔另一端接到电路测量端点。

⑤ 读取显示屏上示数，即为被测信号的电压有效值。

4．注意事项

① 测量之前，必须先确保红、黑表笔插在正确的位置，先调好正确的挡位、量程，再接入电路，对元器件进行测量。否则，容易损坏仪表。

② 测量直流 60V 或交流 30V 以上的电压时，务必小心谨慎，切记手指不要超过表笔保护位置，以防触电。

③ 测量电路中的电阻时，须做到"两断"，即电阻所在电路需断电，电路中电容须放完电；确保电阻至少有一端从所在电路断开。否则，会导致测量结果误差很大，甚至损坏仪表。

④ 应当选用不小于实际值的最小量程。这样，既避免了实际值超量程的问题，又减少了测量误差。

⑤ 若显示屏上只在最高位显示"1"，则表示实际值已超量程，须调高量程。

⑥ 本仪表在正常测量时，"HOLD"键应处于弹出位置；如果 LCD 显示屏左下角显示"H"标志，则显示屏上的数值不动。

⑦ 黑色表笔应接被测电路的公共接地端。

⑧ 当 LCD 显示器显示"🔋"标志时，应及时更换电池（仅适用于电池供电），以确保测量精度。

⑨ 若按"⏻"无法启动万用表时，可以检查仪器背面的"POWER INPUT"开关位置，左侧"BATTERY"表示电池供电，因实验室未给万用表安装电池，故应设置在右侧"ADAPTER"，表示电源供电。

⑩ 数字万用表不适合测量频率高的正弦交流信号的电压值，否则误差很大。

2.7 数字交流毫伏表

1．概述

数字交流毫伏表专门用于交流电压有效值的测量。可测量的交流电压信号波形类型包括正弦波、方波、三角波、锯齿波、脉冲波等。较之万用表，数字交流毫伏表有测量频率范围广、测量精确度高的特点，尤其是对交流微小信号的测量精度优势明显。

UT631 双通道数显交流毫伏表具有测量电压频率范围宽（10Hz～2MHz），输入阻抗高（≥10MΩ），电压测量范围宽（400μV～400V），分辨率高（1μV）且测量精度高等优点。

2. 功能简介

UT631 双通道数显交流毫伏表控制面板如图 2-11 所示。

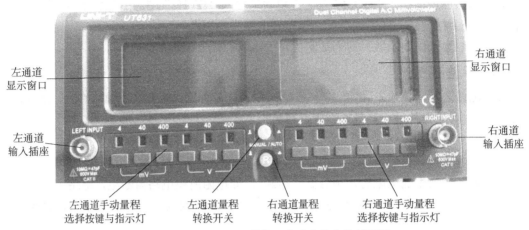

图 2-11 UT631 双通道数显交流毫伏表控制面板

UT631 双通道数显交流毫伏表控制面板操作说明见表 2-15。

表 2-15 UT631 双通道数显交流毫伏表控制面板操作说明

序号	名称	功 能
1	左通道显示窗口	LCD 显示左通道输入信号的电压值
2	右通道显示窗口	LCD 显示右通道输入信号的电压值
3	左通道输入插座	左通道的交流被测信号由此端口接入
4	左通道手动量程选择按键与指示灯	使用手动量程时，在输入被测信号前，应先选择"400V"量程，同时对应的"400V"量程指示灯亮。输入被测信号后，根据信号大小选择相应的量程，同时对应的指示灯亮
5	左通道量程转换开关（黄色 L 按钮）	开关弹起：量程处于手动状态，可用量程选择按键，选择相应的量程，同时对应的指示灯亮 开关按下：量程处于自动状态，此时所有量程选择按键均不起作用
6	右通道量程转换开关（蓝色 R 按钮）	作用与左通道量程转换开关相同
7	右通道手动量程选择按键与指示灯	作用与左通道手动量程选择按键与指示灯相同
8	右通道输入插座	右通道的交流被测信号由此端口输入

3. 使用操作实例

下面以测量一个频率为 20kHz、有效值为 3V 的正弦交流电压信号为例来进一步描述数字交流毫伏表的使用方法，具体步骤如下。

① 按下电源开关（位于控制面板背部），启动交流毫伏表。

② 将被测信号通过信号输入线接入"左通道输入插座"端，在实验室一般是将交流毫伏表的信号输入线的黑色夹子接到信号发生器的输出信号线的黑色夹子，同时将交流毫伏表的信号输入线的红色夹子接到信号发生器的输出信号线的红色夹子。

③ 检查左通道量程转换开关位置，如果处于弹起状态，则手动选择 4V 量程下的按键

按下；如果开关位置处于按下状态，则等待量程自动切换，数值基本稳定即可。

④ 读取左通道显示窗口上显示的数值，即为被测信号的电压有效值。

4．注意事项

（1）量程选择

为方便使用本仪表设计了自动量程，从而换挡速度较慢。建议在正常使用时手动选择量程，特别在测试高压时采用手动换挡可减少仪表处于过载状态的时间，提高测试效率。但是，当被测信号的电压值超出交流毫伏表当前所在的量程最大值时，显示屏会显示"O.L"，表示超量程。

选择自动量程时，当显示电压超出满量程的 5%时，仪表会自动跳到上一量程测试，同时对应的量程指示灯亮；当显示电压低于满量程的 8%时，仪表会自动跳到下一量程测试，对应的量程指示灯亮。

（2）开机预热与自检

预热：本仪器自检完成后须预热 15 分钟方可正常测试。

自检：本机开机时每量程自检 1 秒（手动量程开机时，仪器默认在 4V 量程，所以只在 4V 量程上自检 1 秒；自动量程开机时，仪器要自检完所有量程，共需要 6 秒）后方可进入测试状态。

2.8 数字示波器

1．简介

示波器是一种应用广泛的电子测量仪器。在众多的测试仪器中，示波器被誉为电子工程师的眼睛。在电子测量技术领域里，常常借用示波器来查找电路故障，从而制造出质量合格的产品。示波器的应用领域极为广泛，包括计算机、手机、通信设备、汽车电子、电源等生产企业，大学的研究实验室及航空航天、国防产业等。示波器的主要功能是对电压信号进行波形观测，并且可以进行峰峰值、有效值、频率、相位、占空比等参数的测量。示波器的种类很多，主要可以分为两大类：模拟示波器和数字示波器。数字示波器由于具备测量精度高、智能化程度高、使用方便等优点，得到越来越广泛的应用。

DS1072U 是一款高性能指标、经济型的具有 70M 带宽、500MSa/s 的采样双通道的数字示波器。波形显示可以自动设置（AUTO），且具有自动光标跟踪测量功能。数字示波器虽然种类繁多，功能越来越强，但其基本的测量原理是相同的。以 DS1072U 数字示波器为例，详细介绍数字示波器的功能特点及使用方法。DS1072U 示波器的控制面板如图 2-12 所示。

2．控制面板主要功能

如图 2-12 所示，DS1072U 数字示波器常用按键、旋钮功能见表 2-16。

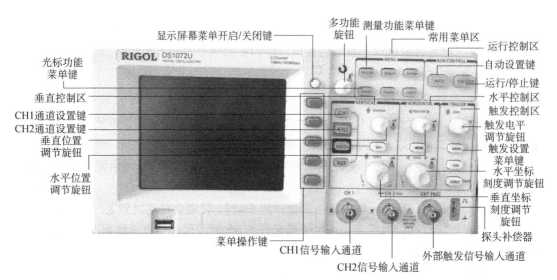

图 2-12　DS1072U 示波器的控制面板

表 2-16　DS1072U 数字示波器常用按键、旋钮功能

面板控制区	按键/旋钮名称	功　　　能
运行控制区 （RUN CONTROL）	自动设置键（AUTO）	按下此键，示波器将自动设置各项控制参数，迅速显示适宜观察的波形
	运行/停止键（RUN/STOP）	当此键亮绿灯时，显示屏正常动态显示波形 当按下此键亮红灯时，显示屏上波形变成静止不动状态（显示上一时刻的波形，不是动态的） 利用此键可方便观测波形
垂直控制区 （VERTICAL）	垂直位置调节旋钮（POSITION）	调整被选定通道波形的垂直位置。按下此旋钮使波形显示位置恢复到零点
	垂直坐标刻度调节旋钮（SCALE）	调节显示屏垂直坐标每格刻度的电压值：①在此旋钮弹出状态时旋转此钮进行粗调；②按下此旋钮后再旋转则为细调。显示屏下方位置分别以黄、蓝两种颜色显示通道 1、2 垂直坐标每格刻度的电压值
	CH1 通道 1 设置菜单	按一下 CH1 键，在显示屏右侧会弹出通道 1 设置菜单（如左栏图中所示），可对通道 1 的"耦合"（耦合方式）、"探头"（探头衰减倍率）和"反相"（波形反相功能）等项目进行设置；此外，按一下此键后，即选定通道 1 波形，可对该波形进行垂直坐标刻度调节和垂直位置调节。连续按两次此键，此键黄灯熄灭，表示通道 1 关闭，此时显示屏上不显示通道 1 波形
	CH2 通道 2 设置菜单	功能同"通道 1 设置菜单"
	通道关闭键（OFF）	先选定某通道波形，再按此键，即可关闭此通道

（续表）

面板控制区	按键/旋钮名称	功　　能
水平控制区 （HORIZONTAL）	水平位置调节旋钮（POSITION）	调整两个通道波形的水平位置。按下此旋钮使触发位置立即回到显示屏中心
	水平坐标刻度调节旋钮（SCALE）	调节显示屏水平坐标每格刻度的时间值。显示屏下方位置以白色显示两通道水平坐标每格刻度的时间值。按一下此旋钮后变为延迟扫描状态，再按此旋钮，则恢复
	水平设置菜单（MENU） 	按一下此键，在显示屏右侧会弹出"水平设置菜单"（如左栏图中所示），可对"时基"（显示屏坐标系）、"延迟扫描"等项目进行设置
触发控制区 （TRIGGER）	触发设置菜单（MENU） 	按一下此键，在显示屏右侧会弹出"触发设置菜单"（如左栏图中所示），可对"触发模式""信源选择"（触发信号选择）等项目进行设置
	触发电平调节旋钮（LEVEL）	调节触发电平。旋转此旋钮，可发现显示屏上出现一条橘黄色的触发电平线随此旋钮的转动而上下移动。移动此线，使之与触发信号波形相交，则可使波形稳定。按一下此旋钮，可迅速令触发电平恢复到零点。本键详细使用方法见下文（5）波形稳定设置
	中点触发键（50%）	按一下此键，可迅速设定触发电平在触发信号幅值的垂直中点。利用此键可较方便地选好触发电平使波形稳定下来
功能菜单区 （MENU）	自动测量键（Measure）	利用此键可对通道内电压信号的峰峰值 V_{pp}、有效值 V_{rms}、最大值 V_{max}、最小值 V_{min}、频率 F_{req}、周期 P_{rd}、占空比+Duty、正脉宽+W_{id}、负脉宽-W_{id} 等参数进行自动测量。本键详细使用方法见下文（6）波形测量设置
	光标测量键（Cursor）	对电压信号参数的测量可利用此键通过光标模式来完成。如第4章实验4.8"一阶RC电路暂态过程的研究"中时间常数 τ 值测算任务可用"光标追踪模式"完成。本键的详细使用方法见下文（7）光标测量键（Cursor）
	存储功能键（Storage）	可利用此键将电压信号波形以位图的形式通过 USB 接口存储到外部存储设备中。本键的详细使用方法见下文（8）存储功能键（Storage）
	辅助系统设置键（Utility）	可利用此键设置不同的显示屏显示界面方案

(续表)

面板控制区	按键/旋钮名称	功 能
输入输出界面	CH1 信号输入通道 1	信号输入通道 1
	CH2 信号输入通道 2	信号输入通道 2
	探头补偿器	对首次使用的输入线探头进行补偿，使之与本通道匹配。步骤：将输入线的黑色夹子与补偿器的接地端（下方）连接，红色夹子与信号输出端（上方）连接，然后按下"AUTO"键。此时示波器屏幕上应显示一峰值为 3V、频率为 1kHz 的方波
	显示屏菜单开启/关闭键（MENU ON/OFF）	控制显示屏右侧菜单的打开或关闭
	菜单操作键 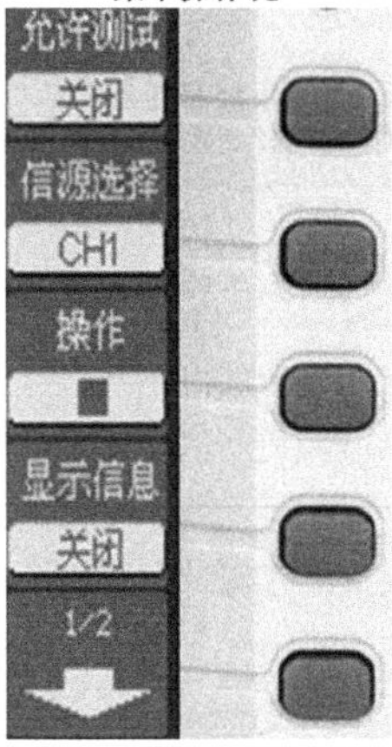	纵向排列于显示屏右侧边框上的五个蓝灰色按键，如左栏图中所示。通常将此五键从上到下依次编号为 1、2、3、4、5 号。通过此五键可对显示屏右侧菜单的各项进行选择操作。连续按压操作键，可在对应项目下令选择光标在不同选项上移动，当选择光标在某选项上停留几秒钟后即选定此项
	多功能旋钮 	① 配合"菜单操作键"对菜单各项进行选择操作。旋转此钮使选择光标在不同选项上滚动，按下此钮来选定 ② 在未指定任何功能时，旋转此钮可调节显示屏中波形的亮度
	电源开关键	开/关电源

注：电源开关键在示波器的顶面。

3．常用操作方法

（1）自动设置键（AUTO）

此键用于自动设置各项控制参数，迅速显示适宜波形。当按下此键后波形显示效果不佳时，再手动调节各项控制参数。

（2）示波器"自检"

在使用任一通道测量信号之前，必须首先进行该通道上所接探棒的"自检"操作。下面以 CH1 通道为例，具体操作如下。

先将探棒侧面的黄色拨钮停在"1X"位置，然后把探头端部和接地夹接到探头补偿器的连接器上。按下"AUTO"（自动设置）按钮，等待几秒钟后，当见到示波器显示屏上稳定显示出一个方波波形时，如图 2-13 所示，表示探棒"自检"通过。如果未能稳定显示出一个方波波形时，则不能直接用该探棒连接被测信号。

注意：此刻 CH2 通道设置键处于熄灭状态，故示波器在显示屏中不显示该通道接入的信号。

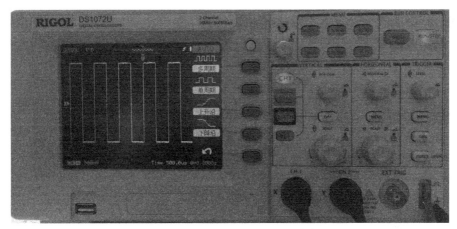

图 2-13 数字示波器"自检"方波波形

(3) 通道的耦合方式设置

按下"VERTICAL"区的"CH1"或"CH2"键,弹出"通道设置菜单"的"耦合"项目下有三个选择项:"直流""交流""接地"。其中,"直流"方式表示通过信号的直流和交流成分;"交流"方式表示只通过信号的交流成分;"接地"方式表示断开输入信号,此时显示屏显示一条水平扫描基线。

以 CH1 通道为例,被测信号是一含有直流偏置的正弦信号。选择 CH1→耦合→交流,设置为交流耦合方式,则被测信号含有的直流分量被阻隔,波形显示以中心水平基线为界线,上下对称,如图 2-14 所示。

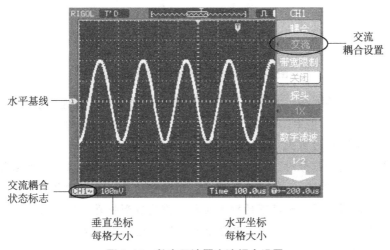

图 2-14 数字示波器交流耦合设置

按"CH1"键,通过蓝色菜单操作键将耦合设置为直流耦合方式,被测信号含有的直流分量和交流分量都可以通过,波形显示出被测信号含有正的直流分量,如图 2-15 所示。

(4) 通道的探头衰减倍率设置

"通道设置菜单"的"探头"项目是指对探头的衰减倍率进行设置,设置的原则是探头衰减倍率设置与通道连接的探头的实际衰减倍率需要保持一致,否则测量结果将出错。图 2-16 所示的是一种标准示波器信号探头输入线。其探棒上侧面设有黄色的"衰减倍率选择键"，可选择"1×"或"10×"两种不同倍率。

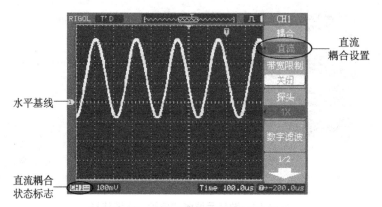

图 2-15 数字示波器直流耦合设置

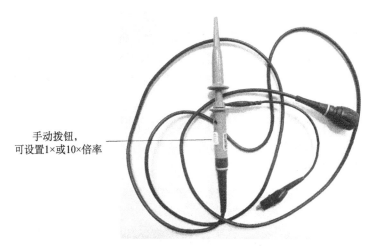

图 2-16 标准示波器信号探头输入线

当使用此类信号输入线，并选择"1×"衰减倍率时，与之相连的示波器通道"探头"项目则需设置为"1×"倍率。同理，如果选择"10×"衰减倍率时，则与之相连的示波器通道"探头"项目则须设置为"10×"倍率。

注意：当观测高频信号时，为避免波形失真，则需要使用标准示波器信号输入线，且必须将衰减倍率调到"10×"挡。其原理是利用标准信号输入线的电容来抵消示波器的输入电容，提高示波器在高频状况下的输入阻抗，避免波形失真。在利用标准信号输入线观测波形时，黑色接地夹接被测电路公共接地端，探头接信号测试点。

（5）波形稳定设置

使用示波器测量的输入信号波形时，首先应使波形稳定显示，不能左右移动。下面介绍如何使波形稳定的条件方法。

首先，以单个信号从示波器 CH1 通道接入为例。第一步，按下"AUTO"键，等待几秒钟后，当见到示波器显示屏上稳定显示出一个波形时，则设置完成。

其次，如果波形显示效果不佳时，按下"TRIGGER"区的"MENU"键，显示屏右侧弹出触发设置菜单，该菜单的"信源选择"项目下的 4 个选项："CH1""CH2""EXT"和

"市电"，对应表示触发信号源的来源可选：通道 1 信号、通道 2 信号、外部触发输入通道信号或交流电源。由于当前信号从示波器 CH1 通道接入，故在菜单的"信源选择"项目下，应选择"CH1"，使"信源选择"与信号接入通道保持一致。

再次，调节"TRIGGER"区的"LEVEL"旋钮，旋转此钮，可发现显示屏上出现一条橘黄色的触发电平线随此旋钮的转动而上下移动。移动此线，使之与触发信号波形相交，则可使波形稳定。

最后，当两个信号同时分别从示波器 CH1 通道、CH2 通道接入时，第一步，仍是按下"AUTO"键，查看显示效果。如果波形显示效果不佳时，第二步，触发信号源选择应注意：当一个通道为交流信号，另一个为直流信号时，触发信号源应选交流信号；当两个通道皆为交流信号，且其中一个的频率为另一个的若干倍时，触发信号源选较低频的那个信号。第三步，在对触发控制区进行设置时，注意触发电平线应与所选的触发信号源波形相交，才能令波形稳定。

(6) 波形测量设置

利用自动测量键（Measure）可便捷地对波形多种参数进行测量。按下此键，显示屏右侧弹出一列菜单。注意，只能动态显示其中一个通道信号的测量值，通道切换可以通过"信源选择"菜单操作键进行设置。"信源选择"项是指测量对象信号选择：可选通道 1 或通道 2。在"全部测量"项目下选择"打开"，则在显示屏下半部分弹出一张测量结果报表，表中共有 18 项测量数据。其中主要参数有：V_{max}（最大值），V_{min}（最小值），V_{pp}（峰峰值），V_{rms}（有效值），F_{req}（频率），P_{rd}（周期），$+W_{id}$（正向脉宽），$-W_{id}$（负向脉宽），$+Duty$（正占空比），$-Duty$（负占空比）等。

(7) 光标测量键（Cursor）

利用此键功能可通过光标动态显示被测波形上任意一点的电压值和时间值，从而为测量和计算提供了极大方便，并且减小了测量误差。如第 4 章实验 4.8 "一阶 RC 电路暂态过程的研究"中测量计算时间常数 τ 值的任务则利用该键完成，取得良好的效果。下面以该实验中利用电容 C 放电过程测算放电时间常数 τ 值的任务来详细介绍"光标测量"功能的使用方法。

首先将通道 1 的信号输入线接到被测实验电路中电容两端，其中黑色夹子接电路公共接地端。设置示波器各项控制参数使电容放电过程的电压波形良好地显示在示波器显示屏上，按下示波器"RUN/STOP"键使波形静止，将波形尽量放大。按下光标测量键"Cursor"，在弹出菜单中"光标模式"项目下选择"追踪"，则弹出一个二级菜单，如图 2-17 所示。按压"2、3 号菜单操作键"令"光标 A""光标 B"项目均选取"CH1"，使两个光标都置于通道 1 输入信号波形上。其中光标 A 为白色，光标 B 为黄色。按压 4 号菜单操作键令"CurA"项目下的多功能旋钮标志被选定（即标志周围变成白色），旋转多功能旋钮移动显示屏上的光标 A 至放电波形的起始放电位置。此时，显示屏右上角位置的光标坐标小菜单显示光标 A 的坐标为（$X=54.85$ms，$Y=3.55$V），表示波形在此点的时刻为 54.85ms（相对于触发零点时刻），电压值为 3.55V。按下 5 号菜单操作键令"CurB"项目下的多功能旋钮标志被选定，旋转多功能旋钮使光标 B 移到波形上已放电至 0.368 倍的起始电压（即 3.55V×0.368≈1.31V）的位置。此时，光标 B 的坐标显示此点时刻为 55.82ms。从光标坐标小菜单上可方

便地读出两光标的横坐标之差：|ΔX|=968.0μs≈55.82-54.85ms（光标坐标小菜单上显示的 55.82ms 和 54.85ms 是四舍五入以后的数值），即从起始放电时刻到放电至 0.368 倍起始电压时刻所经历的时间，也就是所需测算的 τ 值。

注意：为了减小测量误差，此实验的信号输入线的衰减倍率应调到"10×"挡，同时示波器菜单中与之保持一致，探头倍率应设置到"10×"挡。

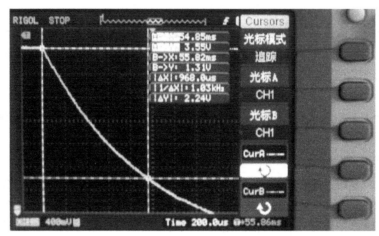

图 2-17 "光标追踪法"测算时间常数 τ 值示意图

（8）存储功能键（Storage）

利用此键可将被测电压信号波形以位图的形式通过 USB 接口存储到外部存储设备中。步骤如下：将外部存储设备（如 U 盘）连接至示波器 USB 接口。按下"Storage"键，在显示屏右侧弹出"存储设置"菜单，如图 2-18 所示，在该菜单的"存储类型"项目中选择"位图存储"，然后按 3 号菜单操作键进入"外部存储"设置菜单，如图 2-19 所示。在"外部存储"设置菜单中先通过"浏览器"项目来选择存储位置，然后按 2 号菜单操作键进入"新建文件"操作菜单，如图 2-20 所示。在"新建文件"操作菜单中通过 1、2 号菜单操作键和多功能旋钮的配合在弹出的对话框中为新建文件起名，最后按下 4 号菜单操作键创建并保存该新建的位图文件。

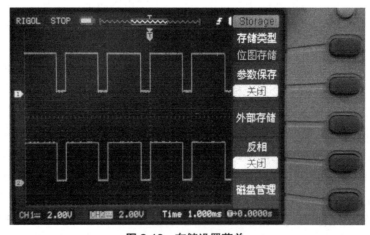

图 2-18 存储设置菜单

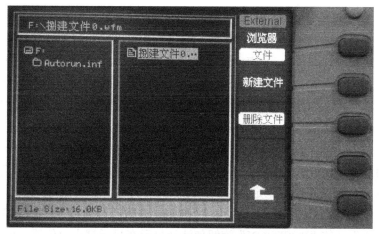

图 2-19　外部存储设置菜单

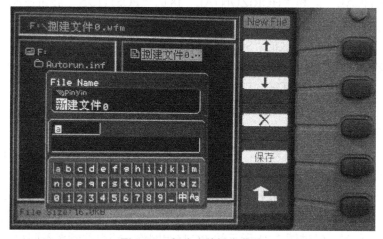

图 2-20　新建文件操作菜单

（9）恢复出厂设置

实际使用示波器时，如果要恢复出厂原始数据，可先按下存储功能键"Storage"，再按蓝色菜单操作键，单击选择"波形存储"，再通过多功能旋钮，选择出厂设置，通过多功能旋钮，再按蓝色菜单操作键，单击"调出"，即恢复出厂设置。

4．操作实例

例 2-1：下面以数字式示波器精确测量一个由函数信号发生器产生的频率约 1kHz、峰峰值约为 4V，并叠加+1V 直流偏置电压的正弦电压信号为例来详细说明数字示波器的使用操作方法。具体测量操作步骤如下。

① 按下"电源开关"键启动数字示波器。

② 将通道信号输入线接到探头补偿器进行补偿，按下"AUTO"键，确认出现稳定方波，验证通道正常。

③ 将函数信号发生器的信号输出线红、黑夹子分别连接至示波器通道 1 的信号输入线。

④ 按下"AUTO"键进行自动设置波形显示。若波形效果不佳，则进行以下步骤的手

动调节。

⑤ 按一下"CH1"键,在弹出菜单的"耦合"项目中,借助 1 号菜单操作键选取"直流"方式;在"探头"项目中,选取"1×"倍率(检查探棒侧面设有黄色的"衰减倍率选择键",选择"1×")。

⑥ 按一下"HORIZONTAL"区的"MENU"键,确保弹出菜单的"时基"项目中选取了"Y–T"选项。

⑦ 按一下"TRIGGER"区的"MENU"键,在弹出菜单的"信源选择"项目中选取"CH1",然后调节"LEVEL"旋钮使橘黄色触发电平线与波形相交,或按一下"50%"键,使波形稳定显示。若波形已经稳定显示,则此步骤可省略。

⑧ 按一下"CH1"键(选定通道 1 波形),然后分别调节"VERTICAL"区和"HORIZONTAL"区的"POSITION"旋钮使波形显示在显示屏中央位置,也可以通过分别按一下"VERTICAL"区和"HORIZONTAL"区的"POSITION"旋钮使波形迅速回到显示屏中央。

⑨ 调节"VERTICAL"区的"SCALE"旋钮使通道 1 垂直坐标每格刻度电压值为 1V,调节"HORIZONTAL"区的"SCALE"旋钮使通道 1 水平坐标每格刻度时间值为 200μs,使正弦波形以一个完整周期显示在显示屏中,减少之后的测量误差。

⑩ 按下"Measure"键,在弹出菜单的"信源选择"项目中选取"CH1","全部测量"项目中选取"打开"。在弹出的测量数据表格中读取测量值:V_{max} 最大值,+2.96V;V_{min} 最小值,–1.04V;V_{rms} 有效值,1.70V;V_{pp} 峰峰值,4.00V;P_{rd} 周期,1.000ms;F_{req} 频率,1.000kHz。

注意:一般数字示波器使用时,光标测量键(Cursor)最好处于关闭状态。

例 2–2:用数字示波器测量两个同频率信号的相位差。实验中采用频率为 1kHz,峰峰值为 2V 的正弦信号,经过图 2-21 所示的 RC 移相网络,获得同频率不同相位的两组信号。然后用数字示波器测量它们之间的相位差,并与理论计算值进行比较。

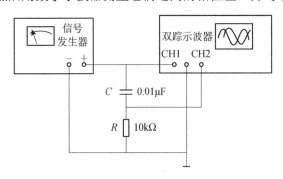
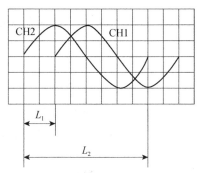

图 2-21 RC 移相电路

①、②、③的具体操作同例 2-1。

④ 将电阻 R 两端连接至示波器通道 2 的信号输入线。

⑤ 按下"AUTO"键进行自动设置波形显示。

⑥ 按一下"CH1"键(选定通道 1 波形),然后按一下"VERTICAL"区的"POSITION"

旋钮使波形迅速回到显示屏中央。调节"VERTICAL"区的"SCALE"旋钮使通道 1 垂直坐标每格刻度电压值为 1V，调节"HORIZONTAL"区的"SCALE"旋钮使通道 1 水平坐标每格刻度时间值为 200μs，使正弦波形以一个完整周期显示在显示屏中，减少之后的测量误差。

⑦ 按一下"CH2"键（选定通道 2 波形），然后按一下"VERTICAL"区的"POSITION"旋钮使波形迅速回到显示屏中央。调节"VERTICAL"区的"SCALE"旋钮使通道 2 垂直坐标每格刻度电压值至 500mV。

⑧ 按下"Measure"键，在弹出菜单的"时间测量"项目中，通过调节多功能旋钮，选取底部一项"相位 1→2"（CH1 通道信号相对于 CH2 通道信号的相位差），再利用多功能旋钮进行确认，如图 2-22 所示。

⑨ 读出数字示波器中显示的相位差为-57°（输入滞后输出相位差）。

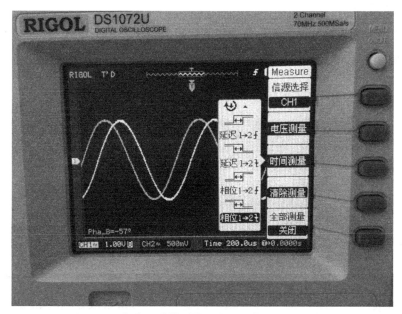

图 2-22　数字示波器测量两路同频率信号的相位差

5．注意事项

① 数字示波器专用于观测电压信号波形。

② 测量时信号输入线的黑色夹子应先连接到被测电路的公共接地端，然后将探头钩子连接到被测点。

③ 通道设置菜单的"探头"倍率要与探头输入线的实际衰减倍率保持一致。

④ 测量直流或含有直流分量的电压信号时，应先将通道"耦合"选为"接地"，调节"VERTICAL"区的"POSITION"键使水平扫描基线归零位，再将"耦合"选为"直流"，进行测量。

⑤ 如果观测不到波形，可检查信号输入线是否损坏。判断方法为：将输入线按照探头补偿的方式连接到探头补偿器上，观察显示屏上是否显示峰峰值约 3V 的方波。若无波形显示，则说明探头输入线已损坏。

2.9 函数信号发生器

2.9.1 DG1022型双通道函数信号发生器

1．概述

DG1022 型双通道函数信号发生器使用直接数字合成（DDS）技术，可生成稳定、精确、纯净和低失真的正弦信号。DG1022 型双通道函数信号发生器向用户提供简单而功能明晰的控制面板，人性化的键盘布局和指示，丰富的接口，直观的图形用户操作界面，以及内置的提示和上下文，帮助系统极大地简化了复杂的操作过程。内部 AM、FM、PM、FSK 调制功能使仪器能够方便地调制波形，而无须单独的调制源。

2．功能简介

DG1022 型双通道函数信号发生器的控制面板如图 2-23 所示。

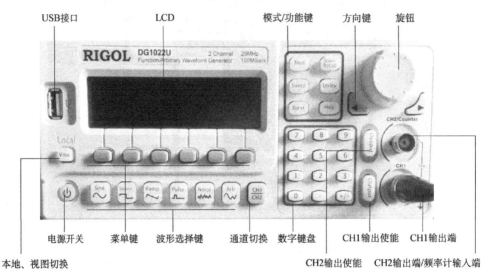

图 2-23 DG1022 型双通道函数信号发生器的控制面板

（1）显示模式

DG1022 型双通道函数信号发生器提供了 3 种界面显示模式：单通道常规显示模式（如图 2-24 所示）、单通道图形显示模式（如图 2-25 所示）及双通道常规显示模式（如图 2-26 所示）。这 3 种显示模式可通过前面板左侧的"View"键切换。用户可通过"CH1/CH2"键来切换活动通道，以便于设定每通道的参数及观察、比较波形。

图 2-24 单通道常规显示模式

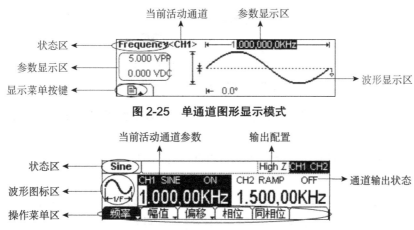

图 2-25 单通道图形显示模式

图 2-26 双通道常规显示模式

（2）波形选择键

在操作面板左侧下方有一系列带有波形显示的按键，从左至右依次是正弦波、方波、锯齿波、脉冲波、噪声波、任意波，此外还有两个常用按键——通道选择和视图切换键。

使用"CH1/CH2"键切换通道，当前选中的通道可以进行参数设置。在常规和图形模式下均可以进行通道切换，以便用户观察和比较两通道中的波形。

使用"View"键切换视图，使波形显示在单通道常规模式、单通道图形模式、双通道常规模式之间切换。此外，当仪器处于远程模式，按下该键可以切换到本地模式。

（3）数字输入的使用

在控制面板上有两组按键，分别是左、右方向键和旋钮、数字键盘。

方向键：用于切换数值的数位、任意波文件/设置文件的存储位置。

旋钮：①改变数值大小。在 0～9 范围内改变某一数值大小时，顺时针转一格加 1，逆时针转一格减 1。②用于切换波形种类、任意波文件/设置文件的存储位置、文件名输入字符。

数字键盘：直接输入需要的数值，改变参数大小。如输出信号的频率、电压大小。

3．使用操作实例

下面以调制一个频率为 25kHz、峰峰值为 3V、直流偏移电压为+1V 的正弦波信号为例来进一步描述任意波形发生器的使用方法。具体步骤如下。

① 按下电源开关，启动函数信号发生器。

② 使用波形选择键中的正弦波按键，在常规显示模式下，信号发生器的显示屏屏幕如图 2-24 所示。

③ 设置频率，在图 2-24 所示界面下，操作菜单位于"频率"参数位置，然后在数字键盘中输入数值"25"，然后通过蓝色菜单键选择频率所需单位 kHz。信号发生器的显示屏屏幕如图 2-27 所示。

④ 设置幅值，先通过按下"幅值"下方的蓝色按键，切换到幅值参数设置界面，然后使用数字键盘输入数值"3"，最后通过蓝色菜单键选择幅值所需单位 V_{PP}。注意："V_{PP}"表示峰峰值，"V_{RMS}"表示有效值。

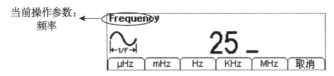

图 2-27 波形频率参数设置界面

⑤ 设置直流偏移电压，先通过按下"偏移"下方的蓝色按键，切换到直流偏移电压参数设置界面，然后使用数字键盘输入数值"1"，最后通过蓝色菜单键选择所需单位 V_{DC}。

⑥ 按下 CH1 通道的输出使能键"OUTPUT"，点亮 OUTPUT 按钮后即可在 CH1 通道得到设置好的正弦波信号。

同理，方波、三角波等波形的设置，可先通过"波形选择"键切换到相应的参数设置界面，然后按照设置上述"频率""幅值"的步骤进行设置即可。

2.9.2 SP1641B 型函数信号发生器

1．概述

SP1641B 型函数信号发生器/计数器是一种精密的测试仪器，具有连续信号、扫频信号、函数信号、脉冲信号、点频正弦信号等多种输出信号和外部测频功能。该仪器采用了精密电流电源电路，使输出信号在整个频带内均具有相当高的精度，同时可进行多种电流源的变换使用，使仪器不仅具有正弦波、三角波、方波等基本波形，更具有锯齿波、脉冲波等多种非对称波形，同时对各种波形均可以实现扫描功能。本机还具有失真度极低的点频正弦信号和 TTL 电平标准脉冲信号，以及 CMOS 电平可调的脉冲信号以满足各种实验需要。

2．功能简介

SP1641B 型函数信号发生器/计数器的前控制面板如图 2-28 所示。

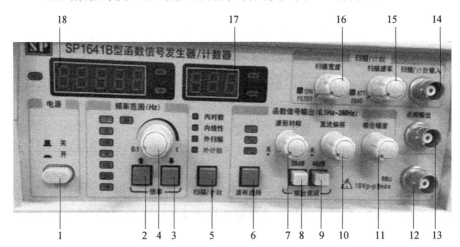

图 2-28 SP1641B 型函数信号发生器/计数器的前控制面板

SP1641B 型函数信号发生器/计数器的后控制面板如图 2-29 所示。
SP1641B 型函数信号发生器/计数器的旋钮、按键功能见表 2-17。

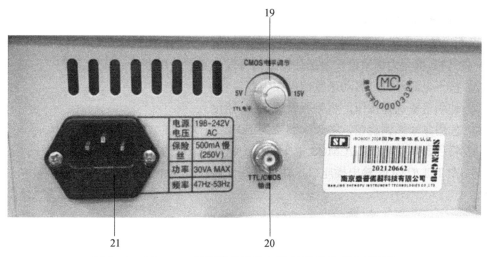

图 2-29 SP1641B 型函数信号发生器/计数器的后控制面板

表 2-17 SP1641B 型函数信号发生器/计数器的旋钮、按键功能

序号	名　称	功　能
1	电源开关	按下时，机内电源接通，整机工作；弹起时，关掉整机电源
2	倍率选择按钮↑	每按一次此按钮，可递增输出频率的 1 个频段
3	倍率选择按钮↓	每按一次此按钮，可递减输出频率的 1 个频段
4	频率微调旋钮	调节此旋钮可微调输出信号频率，调节基数范围为 0.1~1
5	"扫描/计数"按钮	可选择多种扫描方式和外测频方式
6	波形选择按钮	可选择正弦波、三角波、脉冲波输出
7	波形对称性调节旋钮	调节此旋钮可改变输出信号的对称性。当电位器处在关位置时，则输出对称信号
8	函数信号输出幅度衰减开关	"20dB""40dB"键均不按下，输出信号不经衰减，直接输出到插座口。"20dB""40dB"键分别按下，则可选择 20dB 或 40dB 衰减。"20dB""40dB"同时按下时为 60dB 衰减
9		
10	函数输出信号直流电平偏移调节旋钮	调节范围为：-5~+5V（50Ω 负载），-10~+10V（1MΩ 负载）。当电位器处在关位置时，为 0 电平
11	输出幅度调节旋钮	调节范围为 20dB
12	函数信号输出端	输出多种波形受控的函数信号，输出幅度 20V_{pp}（1MΩ 负载），10V_{pp}（50Ω 负载）
13	点频输出端	输出标准正弦波 100Hz 信号，输出幅度 2V_{pp}
14	扫描/计数输入插座	当"扫描/计数"按钮功能选择在外扫描状态或外测频功能时，外扫描控制信号或外测频信号由此输入
15	扫描速率调节旋钮	调节此电位器可以改变内扫描的时间长短。在外测频时，逆时针旋到底（绿灯亮），为外输入测量信号经过衰减"20dB"进入测量系统
16	扫描宽度调节旋钮	调节此电位器可调节扫频输出的频率范围。在外测频时，逆时针旋到底（绿灯亮），为外输入测量信号经过低通开关进入测量系统
17	幅度显示窗口	显示函数输出信号的幅度
18	频率显示窗口	显示输出信号的频率或外测频信号的频率
19	TTL/CMOS 电平调节	调节旋钮，逆时针旋到底"关"为 TTL 电平，输出幅度为 5V；顺时针旋，打开则为 CMOS 电平，输出幅度可从 5V 调节到 15V
20	TTL/CMOS 输出插座	输出 TTL/CMOS 信号，其频率可先通过"倍率选择按钮"选择量程，再通过"频率微调旋钮"调节大小
21	电源插座	交流市电 220V 输入插座。内置保险丝容量为 0.5A

3．使用操作实例

下面以数字电子技术实验中常用的方波时钟信号为例，调制一个频率为 1kHz、峰峰值为 5V 的 TTL 信号为例来进一步描述函数信号发生器的使用方法。具体步骤如下。

① 按下电源开关，启动函数信号发生器。

② 使用倍率选择按钮，将频段设置在 1k 挡位上。

③ 使用频率微调旋钮，将频率调整到 1kHz。

④ 将仪器背部的 TTL/CMOS 电平调节旋钮，朝 5V 的方向逆时针旋到底。

⑤ 在 TTL/CMOS 输出插座口，即可得到设置好的时钟信号。

第 3 章　Multisim 14 电路仿真与设计实例

3.1　Multisim 14 简介

Multisim 14 是美国国家仪器公司 NI 下属的 Electronics Workbench Group 推出的交互式 SPICE 仿真和电路分析软件，它可以实现原理图的捕获、电路分析、交互式仿真、电路板设计、仿真仪器测试、集成测试、射频分析、单片机等高级应用。其数量众多的元器件数据库、标准化的仿真仪器、直观的捕获界面、更加简洁明了的操作、强大的分析测试功能、可信的测试结果，将虚拟仪器技术的灵活性扩展到了电子设计者的工作平台上，弥补了测试与设计功能之间的缺口，缩短了产品的研发周期，强化了电子实验教学。

Multisim 14 具有以下主要特点。

1．直观的图形界面

整个界面就像是一个电子实验工作平台，绘制电路所需的元器件和仿真所需的仪器仪表均可直接拖放到工作区中，轻点鼠标即可完成导线的连接，软件仪器的控制面板和操作方式与实物相似，测量数据、波形和特性曲线如同与真实环境中看到的一样。

2．丰富的元器件库

Multisim 14 为用户提供了数万种真实元器件和虚拟元器件。真实元器件有型号、参数（不可修改）、封装，可以制作 PCB 板。虚拟元器件是该类型器件的代表，参数可修改，无封装，只能用于仿真，不可制作 PCB 板。

3．丰富的测试仪器仪表

Multisim 14 提供了多种常用的仪器仪表，除了 EWB 软件原有的数字万用表、函数信号发生器、示波器、扫频仪、字信号发生器、逻辑分析仪和逻辑转换仪外，还新增了瓦特表、失真分析仪、频谱分析仪和网络分析仪等，且所有仪器均可多台同时调用，同一种仪器使用数量不受限制。

4．完备的分析手段

Multisim 14 不但可以完成电路的直流工作点分析、交流分析和直流扫描分析，而且提供了瞬态分析、参数扫描分析等 18 种分析方法，能基本满足电子电路设计和分析的要求。

5．强大的仿真能力

Multisim 14 既可对模拟电路或数字电路分别进行仿真，又可进行数模混合仿真，尤其新增了射频（RF）电路的仿真功能。仿真失败时会显示错误的信息，提示可能出错的原因，仿真结果可随时存储或打印。

6．完美的兼容功能

Multisim 14 提供了与国内外流行的印刷电路板设计自动化软件 Protel 及电路仿真软件 PSpice 之间的文件接口，也能通过 Windows 的剪贴板把电路图送往文字处理系统中进行编辑排版。Multisim 14 可以打开 PSpice 所建立的 Spice 网络表文件，也可将 Multisim 14 建立的电路原理图转换为网络表文件，提供给 Ultiboard、Protel、Orcad 等 EDA 工具软件进行 PCB 版图的设计。还可以提供给 MathCAD、Excel 等软件进行一步处理，以获得更多的信息。同时支持 VHDL 和 VerilogHDL 语言的电路仿真与技术。

3.2 Multisim 14 工作界面

Multisim 14 的工作界面主要包括菜单栏、标准工具栏、视图工具栏、系统工具栏、元器件工具栏、仪器设备工具栏、仿真开关、设计工具箱区、绘制电路区、电路元器件属性区等，如图 3-1 所示。

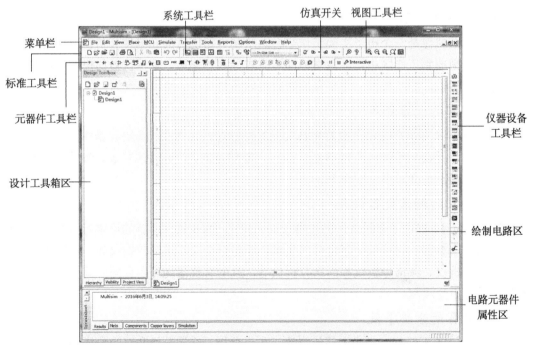

图 3-1　Multisim 14 的工作界面

1. 菜单栏

Multisim 14 共有 12 个主菜单,如图 3-2 所示,菜单栏从左至右分别为:文件、编辑、视图、放置、单片机仿真、仿真、文件输出、工具、报告、选项、窗口和帮助。

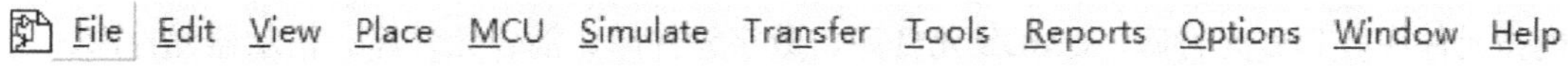

图 3-2 Multisim 14 菜单栏

Multisim 14 的工具栏提供了编辑电路所需要的一系列工具,使用该栏目下的工具按钮,可以更方便地操作菜单。

2. 标准工具栏

如图 3-3 所示,标准工具栏包含了常用的基本功能按钮,从左至右分别为:新建文件、打开文件、打开指定路径下的自带实例、保存当前文件、打印当前文件、查找、剪切、复制、粘贴、撤销、恢复之前的操作。

图 3-3 标准工具栏

3. 视图工具栏

视图工具栏如图 3-4 所示,从左至右按钮的功能分别为对电路窗口进行放大、缩小、放大选择区域、以合适比例显示及全盘显示。

图 3-4 视图工具栏

4. 系统工具栏

系统工具栏如图 3-5 所示,从左至右的按钮功能分别为:打开/关闭设计工具箱区的窗口(Design Toolbox)、打开/关闭电路元器件属性区窗口(Spread sheet)、打开/关闭 SPICE 网表查看器(SPICE Netlist Viewer)、打开/关闭记录仪视图(Grapher View)、打开/关闭后处理程序窗口(Postprocessor)、显示子电路或分层电路的父节点(Parent sheet)、打开创建元件向导对话框(Component Wizard)、打开元件库管理对话框(Database Manager)、列出当前电路元器件的列表(In-Use List)、打开电路的电气规则检查对话框(Electrical Rules Check)、转换成 Ultiboard 文件、Ultiboard 后标注、Ultiboard 前标注、查找范例、打开 Multisim 14 的帮助功能。

图 3-5 系统工具栏

5. 元件工具栏

Multisim 14 将所有元件分为 17 类,加上 MCU、分层模块和总线共同组成元件工具栏,如图 3-6 所示。单击每个元件按钮,可以打开相应的元件库。

图 3-6 元件工具栏

该工具栏上的按钮，从左至右分别代表的元件库为：电源库、基本元件库、晶体管库、模拟元件库、TTL 元件库、CMOS 元件库、数字元件库、混合元件库、指示器元件库、功率元件库、混杂元件库、高级外设元件库、射频元件库、机电类元件库、NI 元件库、连接器元件库、MCU 元件库、放置分层模块和放置总线。

6．仪器设备工具栏

仪器设备工具栏通常垂直放置于电路窗口的右侧，也可以解除锁定后将其拖至菜单栏的下方水平放置，如图 3-7 所示。

图 3-7 仪器设备工具栏

Multisim 14 提供了 21 种仪器设备，从左至右分别代表：数字万用表（Multimeter）、函数信号发生器（Function Generate）、功率表（Wattmeter）、双通道示波器（Oscilloscope）、四通道示波器（Four Channel Oscilloscope）、波特图仪（Bode Plotter）、频率计数器（Frequency Counter）、字信号发生器（Word Generator）、逻辑转换器（Logic Converter）、逻辑分析仪（Logic Analyzer）、IV 特性分析仪（IV Analyzer）、失真度分析仪（Distortion Analyzer）、频谱分析仪（Spectrum Analyzer）、网络分析仪（Network Analyzer）、安捷伦函数信号发生器（Agilent Function Generate）、安捷伦数字万用表（Agilent Multimeter）、安捷伦示波器（Agilent Oscilloscope）、泰克示波器（Tektronix Oscilloscope）、LabVIEW 仪器（LabVIEW Instruments）、NI ELVISmx 仪器（NI ELVISmx Instruments）、电流夹（Current clamp）。

3.3　Multisim 14 仿真入门

1．元器件的调用

元器件的调用是通过"元器件选择"对话框来实现的。打开该对话框有以下两种方法。

方法一：单击元器件工具栏中相应的元器件按钮，如图 3-6 所示。

方法二：单击图 3-2 所示菜单栏中"Place"下拉菜单中的"Component"命令，打开"元器件选择"对话框，如图 3-8 所示。

在图 3-8 所示对话框中，通过"Group"栏选择待选元器件所在的元件库，通过"Family"栏选择待选元器件的类型，类型选定后，"Component"栏中显示该类型元器件的所有型号，选中某个型号，"Symbol"栏下会出现该元器件的图形符号。单击"OK"按钮选取该元器件。例如，图 3-8 中显示的是一个交流信号源的元器件"AC_POWER"。

2．移动元件

按住鼠标左键，将所选的元器件拖至仿真工作区的任何要放的位置后，松开鼠标即可。

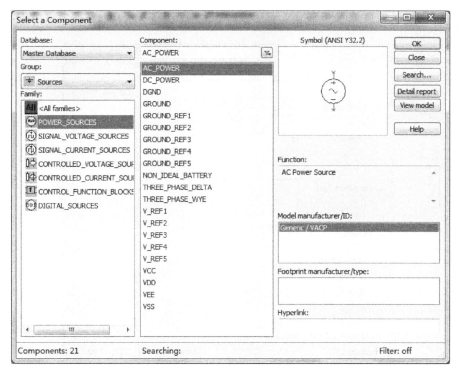

图 3-8 "元器件选择"对话框

3. 调整元器件的方向

右击要调整的元器件，弹出一个快捷菜单，如图 3-9 所示，菜单栏中有 4 种改变元器件方向的操作，对应的功能从上至下分别为：水平翻转、垂直翻转、顺时针旋转 90°、逆时针旋转 90°。

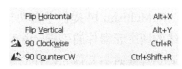

图 3-9 调整元器件的方向

4. 复制、剪切和粘贴元件

方法一，使用通用快捷键 Ctrl+C、Ctrl+X 和 Ctrl+V。

方法二，选中该元器件，使用图 3-2 所示菜单栏中"Edit"下拉菜单操作。

5. 删除元件

选中要删除的元器件，按键盘上的 Delete 键，或是右击要删除的元器件，在弹出的菜单中选择"Delete"命令删除。

6. 元件的属性设置

双击仿真工作区中的元器件，会弹出"元器件属性"设置对话框，该对话框包括 7 个选项卡，分别是 Label（标签）、Display（显示）、Value（数值）、Fault（故障）、Pins（引脚）、Variant（变量）、User Fields（用户自定义），通过这些选项卡可以设置元器件的属性。

如图 3-10 所示的是"电位器属性"对话框，显示的是 20kΩ 的电位器"Value"选项卡页面，用于设置电位器元器件的参数。其中"Resistance"栏用于设置电位器的阻值，"Key"栏用于设置控制电位器滑动点的移动键，"Increment"用于设置电位器滑动点阻值的变化量。图 3-10 中所示的属性设置，表示一个阻值为 20kΩ 的电位器，当每次按下键盘"A"键时，电位器滑动点阻值增大 5%。另外，当每次按下键盘 Shift+A 键时，电位器滑动点阻值将减小 5%。

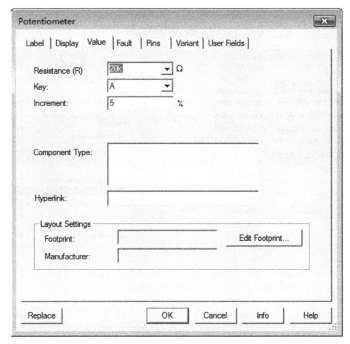

图 3-10　"电位器属性"对话框

7．元器件的连线

Multisim 14 提供了自动与手动两种连线方式。所谓自动连线，就是用户依次单击要连线的两个元器件的引脚，由 Multisim 14 选择引脚间最好的路径自动完成连线操作，它可以避免连线时与其他元器件的重叠；手动连线由用户控制走线方向，操作时通过拖动连线，按自己设计的路径，单击确定路径转向并完成连线。连线完毕后，还可以手动调整线路的布局。

为了强调电路中的某些关键元件或连线，可对其显示颜色进行设定。方法为：先将鼠标指向需要改变颜色的元器件或连线，右击，在弹出的快捷菜单中选择"Change Color"项，然后在弹出的"颜色"对话框中选取所需颜色即可。

8．元器件的查找

Multisim 14 提供了强大的搜索功能来帮助用户方便快速找到所需的元器件，其具体操作步骤如下。

① 单击菜单栏中"Place"下拉菜单中的"Component"命令，打开"元器件选择"对话框中，如图 3-8 所示。

② 单击"Search"（搜索）按钮，弹出"搜索元器件"对话框，如图 3-11 所示。

③ 输入搜索的关键字，可以是数字或字母，不区分大小写，但至少要有一个条件，条件越多搜索结果越精确。例如，在"Component"（元件名称）栏中输入"74ls00"，在"Footprint type"（封装名称）栏中输入"D0"，即表示查找所有元器件名中含有"74ls00"字符且封装名称中含有"D0"字符的元器件。单击"Search"按钮开始查找，查找结束后自动弹出

"搜索结果"对话框，如图 3-12 所示。

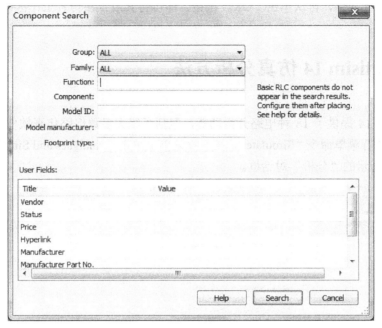

图 3-11 "搜索元器件"对话框

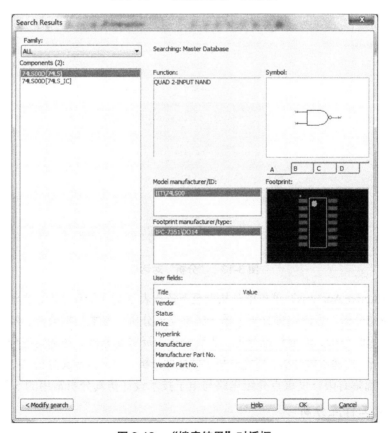

图 3-12 "搜索结果"对话框

④ 从搜索结果中选中所需的元器件，单击"OK"按钮，弹出"元器件浏览"对话框并自动选中该元器件，再次单击"OK"按钮，即可将其放置在仿真工作区中。

3.4　Multisim 14 仿真分析方法

Multisim 14 提供了 18 种电路分析功能，包括了绝大多数电路仿真软件的分析类型。在主窗口中执行菜单命令"Simulate"，在下拉菜单中单击"Analyses and Simulation"，可弹出如图 3-13 所示的"分析"对话框。

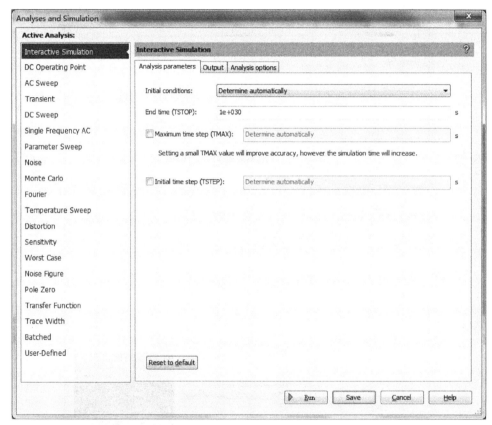

图 3-13　"分析"对话框

"分析"（Active Analysis）菜单中，从上至下依次表示交互仿真分析、直流工作点分析、交流分析、瞬态分析、直流扫描分析、单一频率交流分析、参数扫描分析、噪声分析、蒙特卡洛分析、傅里叶分析、温度扫描分析、失真分析、灵敏度分析、最坏情况分析、灵敏度分析、零极点分析、传递函数分析、线宽分析、批处理分析、用户自定义分析共 20 种分析方法。

由于本书篇幅有限，仅重点介绍电路与电子技术设计仿真分析常用的 5 种仿真分析。

1. 直流工作点分析

直流工作点分析又称为静态工作点分析，目的是求解在直流电压源或直流电流源作用下电路中的电压和电流。直流工作点分析是其他分析方法的基础，在进行直流工作点分析时，电路中的交流信号源会自动被置零，即交流电压源短路、交流电流源开路；电感短路、电容开路；数字元器件则被高阻接地。

在分压式共发射极放大电路的实验中，可利用直流工作点分析测量静态工作点状态下的各个位置的节点电压。

2．交流分析

交流分析是在正弦小信号工作条件下的一种频域分析。它计算电路的幅频特性和相频特性，是一种线性分析方法。Multisim 14 在进行交流分析时，分析电路的直流工作点，并在直流工作点处对各个非线性元器件作线性化处理，得到线性化的交流小信号等效电路，并用交流小信号等效电路计算电路输出交流信号的变化。在进行交流分析时，电路工作区中自行设置的输入信号将被忽略，即无论给电路的信号源设置的是三角波还是矩形波，进行交流分析时，都将自动设置为正弦波信号，分析电路随正弦信号频率变化的频率响应曲线，其结果与波特图仪的分析结果相同。

在 RLC 串联谐振电路的实验中，可利用交流分析测量电路的幅频特性，进而得到电路的谐振频率。

3．瞬态分析

瞬态分析是一种非线性时域分析方法，是在给定输入激励信号时，分析电路输出端的瞬态响应。Multisim 14 在进行瞬态分析时，首先计算电路的初始状态，然后从初始时刻到某个给定的时间范围内，选择合理的时间步长，计算输出端在每个时间点的输出电压。输出电压由一个完整周期中的各个时间点的电压来决定。启动瞬态分析时，只要定义起始时间和终止时间，Multisim 14 就可以自动调节合理的时间步进值，以兼顾分析精度和计算时需要的时间，又可以自行定义时间步长，以满足一些特殊要求。

在进行瞬态分析时，直流电源保持常数；交流信号源随时间而改变，是时间的函数；电感和电容由能量存储模型描述，是暂态函数。瞬态分析的结果通常用来分析节点的电压波形，通常是为了找出电子电路的工作情况，就像用示波器观察节点电压波形一样。

在三相交流电路的测量实验中，可利用瞬态分析观察三相交流电路电源的相序。

4．直流扫描分析

直流扫描分析是利用一个或两个直流电源分析电路中某个节点的直流工作点数值变化的情况。利用直流扫描分析，可快速地根据直流电源的变动范围确定电路直流工作点。它的作用相当于每变动一次直流电源的数值，对电路做几次不同的仿真。在进行直流扫描分析时，电路中所有电容视为开路，所有电感视为短路。如果电路中有数字元器件，将其视为一个大的接地电阻。

例如，在验证戴维南定理的实验中，可利用直流扫描分析测量原电路和等效电路的伏安特性曲线，从而直接验证定理的正确性。

5．参数扫描分析

参数扫描分析是用来检测电路中某个元器件的参数在一定取值范围内变化时，对电路直流工作点、瞬态特性、交流频率特性的影响。它是将电路参数设置在一定的变化范围内，以分析参数变化对电路性能的影响。采用参数扫描分析电路，可以较快地获得某个元器件的参数，以及在一定的范围内变化时对电路的影响。这相当于该元器件每次取不同值，进行多次仿真。对于数字元器件，在进行参数扫描分析时将被视为高阻接地。

进行参数扫描分析时，用户可以设置参数变化的开始值、结束值、增量值和扫描方式，从而控制参数的变化。

在分压式共发射极放大电路的实验中，可以通过参数扫描分析设置三极管的集电极为扫描输出节点，可调电阻 R_w 为扫描电阻，观察其变化时对输出波形的失真影响。

3.5 Multisim14 仿真分析入门实例

入门实例：用 Multisim14 完成直流电路线性电阻 220Ω 的伏安特性测量。要求：用 DC Sweep 直流扫描分析法完成伏安特性曲线的仿真与记录。

（1）在 Multisim14 中调用直流电压源

单击元器件库工具栏中 ÷ "Place Source"，进入电源库页面后，选择"POWER_SOURCES"，调用"DC_POWER"，如图 3-14 所示，单击"OK"按钮，用鼠标将直流电压源拖至仿真工作区合适的位置。

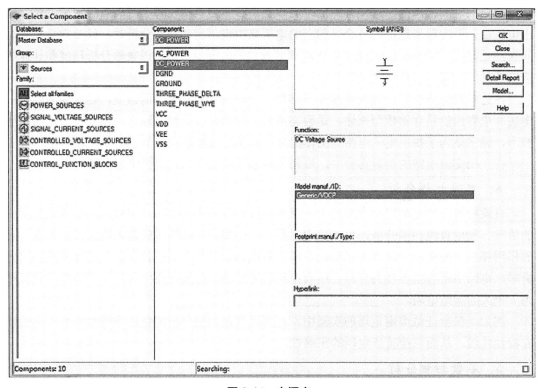

图 3-14 电源库

双击该元器件，进入属性设置对话框，可以修改元器件符号和参数值，选中"Value"选项卡，将直流电压源电压值设为"20V"，继续调用接地符号"GROUND"，方法相同。

（2）调用线性电阻

单击元件库工具栏中 "Basic"中的"RESISTOR"选择1k阻值，如图3-15所示，单击"OK"按钮，用鼠标将电阻元器件拖至仿真工作区合适的位置，单击。双击该元器件，进入属性设置对话框，修改元器件的阻值为220Ω。单击该元器件，出现虚线框，右击，可以将元器件放置方向进行调整旋转90°，也可用快捷键Ctrl+R实现旋转90°。

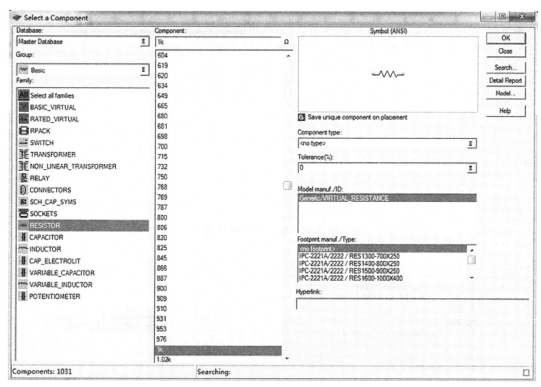

图3-15 电阻元件库

（3）调用电压表

单击 "Place Indicator"的"VOLTMETER"，调用"VOLTMETER_V"，如图3-16所示，单击"OK"按钮，用鼠标将电阻元器件拖至仿真工作区合适的位置，单击。双击电压表，进入属性设置对话框。选中"Value"选项卡，"Mode"栏目默认为DC。实验室常用电压表都有内阻，本例"Resistance"栏目默认内阻为10MΩ。

（4）调用电流表

方法同上，本例中的电流表"Resistance"栏目默认内阻为10^{-9}Ω。

（5）电路元器件连接

移动鼠标箭头至所需要连接的元器件一端，当出现黑点时按住左键，将连线拖向要连接的另一个元器件一端，当出现黑点后单击即可实现自动连接。单击元器件的引脚，连接成如图3-17所示的电路。

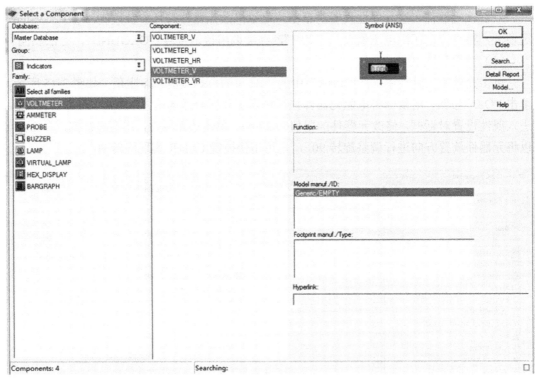

图 3-16 指示器库/电压表

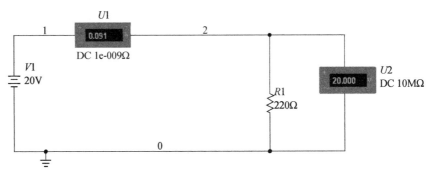

图 3-17 线性电阻伏安特性接线图

(6) DC Sweep 直流扫描分析

选择菜单栏"Simulate"→"Analyses"→"DC Sweep Analysis"进入"直流扫描分析"页面,如图 3-18 所示。在"Analysis Parameters"选项卡中,"Source"信号源选择 vv1,扫描开始电压"Start value"选为 0V,结束扫描电压"Stop value"选为 20V,步进值"Increment"选为 1V,这表示电压源的电压由 0~20V 每次以增量 1V 线性增加。

单击"Change Filter"按钮,进入"Filter nodes"页面,如图 3-19 所示。全选后单击"OK"按钮。

在图 3-20 所示的"Output"选项卡中,选取输出参数 I(v1)(此 I(v1)为信号源 V1 内部的电流,从电源负极流向正极,与被测电阻的电流方向相反),单击"Add"按钮,再单击"Simulate"按钮。

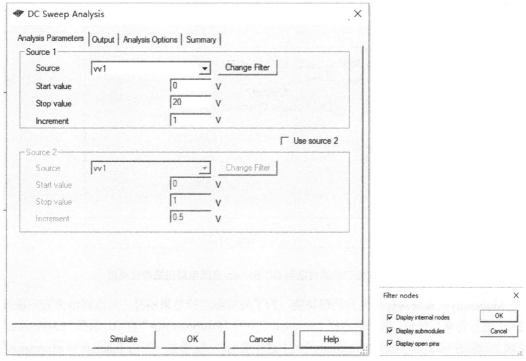

图 3-18 "直流扫描分析"页面　　图 3-19 "Filter nodes"页面

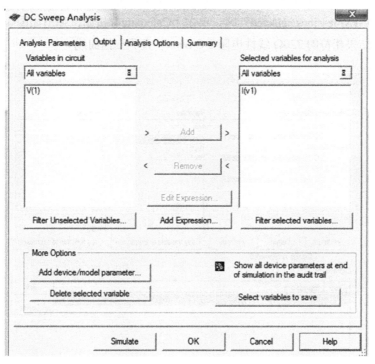

图 3-20 "Output"选项卡

仿真得到的伏安特性曲线的电流是负方向变化的,如图 3-21 所示。这是因为在

Multisim14 中，电压源的电流参考方向是由负极流向正极的。

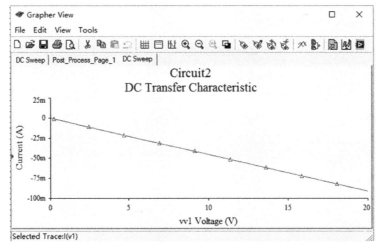

图 3-21　未处理的线性电阻 DC Sweep 直流电阻扫描特性曲线

　　Multisim14 系统具有强大的处理功能，为了与实际实验结果相符，可以将电流方向进行修正，进行仿真后处理。选择菜单栏"Simulate"中的"Postprocessor"窗口，选择"Expression"选项卡，如图 3-22 所示。在"Functions"区中选中负号"−"，单击"Copy function to expression"按钮；在"Variables"区中选择"I（v1）"，单击"Copy variable to expression"按钮。然后选中"Graph"选项卡，如图 3-23 所示，在"Expressions available"区添加"−I（v1）"，单击"Add"按钮，添加到"Expressions selected"区。单击"Calculate"按钮，弹出如图 3-24 所示经过处理与实际实验结果相符的 220Ω 线性电阻 DC Sweep 直流扫描曲线。

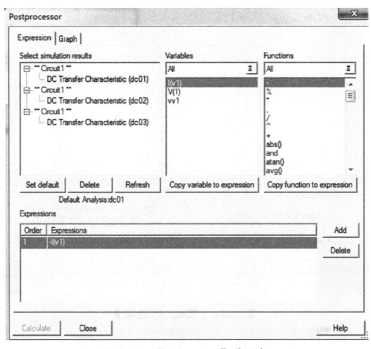

图 3-22　"Expression"选项卡

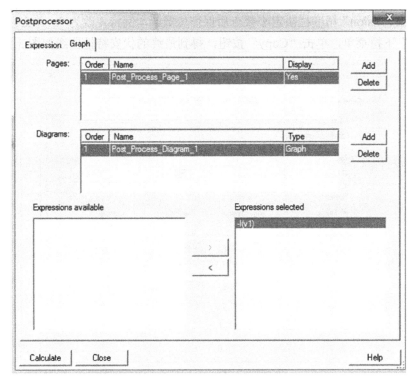

图 3-23 "Graph"选项卡

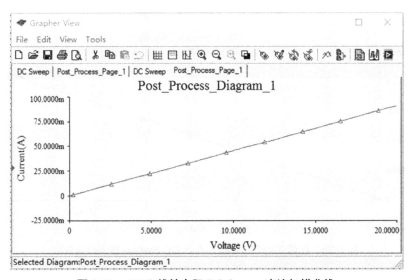

图 3-24 220Ω 线性电阻 DC Sweep 直流扫描曲线

为了与实际实验的结果相符（电流为负值），还可以进行进一步修正。通过单击"Grapher View"窗口的"Edit"下拉菜单"Properties"，进入"Graph Properties"页面，选中"Left Axis"选项卡，如图 3-25 所示。此选项卡可对左边纵轴进行设置："Label"栏用于设置纵轴的名称；"Font"栏用于设置字体、大小和颜色等；"Axis"区用于选择是否显示轴线和轴线的颜色；"Scale"区和"Range"区用于设置纵轴的刻度和范围，本例为了设置电流为非负值，所以将最小刻度–0.025 修改为 0；"Divisions"区中"Total Ticks"栏决定将已设定的刻度分成多少格;"Precision"精度栏决定小数点后保留位数,本例将 4 改为 0。单击"OK"按钮,返回"Edit"下拉菜单,单击"Copy"按钮,得到最终的伏安特性曲线如图 3-26 所示。

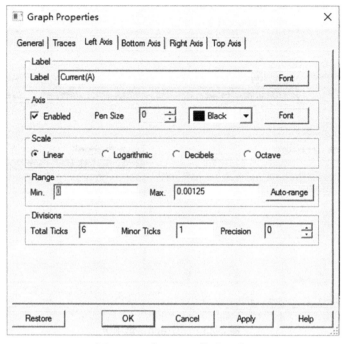

图 3-25 "Left Axis"选项卡

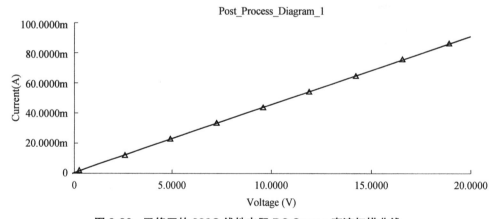

图 3-26 已修正的 220Ω 线性电阻 DC Sweep 直流扫描曲线

3.6 叠加定理、戴维南定理、最大功率传输定理仿真实例

仿真任务 1:用直流工作点分析法仿真验证叠加定理。

在 Multisim 14 平台上建立如图 3-27 所示仿真电路。其中,V_1、I_1 分别为直流电压源、直流电流源。然后通过分别求得电压源单独作用、电流源单独作用及两个独立源共同作用

下流经 R_5 电阻的电流值和电阻两端的电压值来验证叠加定理。

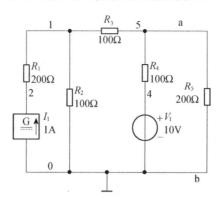

图 3-27　电压源、电流源共同作用的仿真电路

首先完成两个独立源共同作用下的电路变量测量。建立如图 3-27 所示仿真电路图后，单击主菜单 "Simulate" 的下拉菜单 "Analyses and Simulation"，在弹出的对话框的左侧栏目中选择 "DC Operating Point"，进入 "直流工作点分析" 对话框，如图 3-28 所示。

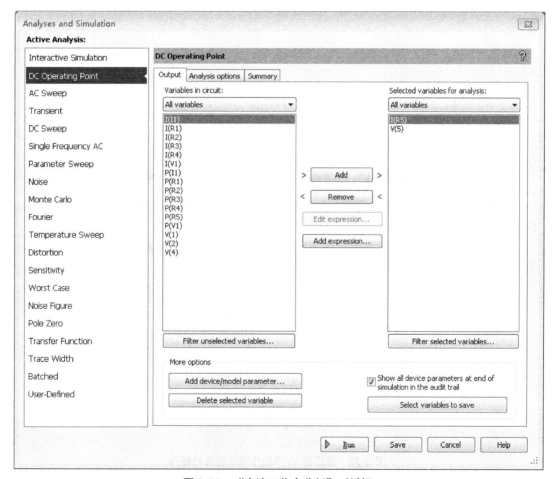

图 3-28　"直流工作点分析" 对话框

在"直流工作点分析"对话框中选择"Output"选项卡,在"Variables in circuit"项中依次点选 I(R5)、V(5),并单击"Add"按钮将其加入右侧的"Selected variables for analysis"栏中。此操作是将流经 R_5 的电流和 R_5 两端的电压作为分析变量。

单击该选项卡下方的"Save"按钮,保存该设置。之后系统自动回到电路工作区界面,再单击主菜单的"Simulate"下拉菜单的"Run",输出仿真运行结果,如图 3-29 所示。

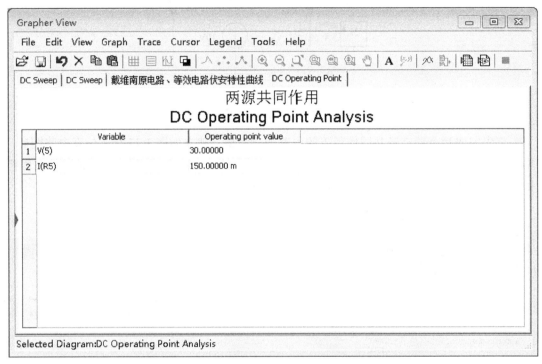

图 3-29　电压源 V_1、电流源 I_1 共同作用下的 R_5 两端电压及流经电流

然后再分别对电压源单独作用、电流源单独作用的情况进行仿真测试,仿真方法同上,不再赘述。

电压源 V_1 单独作用的仿真电路图如图 3-30 所示(电流源用开路替代)。

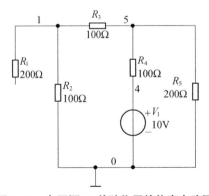

图 3-30　电压源 V_1 单独作用的仿真电路图

电压源单独作用的仿真测试结果如图 3-31 所示。

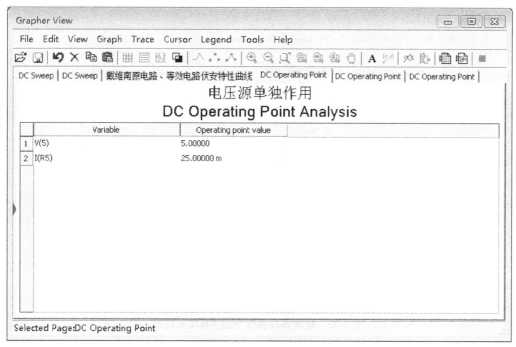

图 3-31　电压源 V_1 单独作用的仿真测试结果

电流源 I_1 单独作用的仿真电路图如图 3-32 所示（电压源用短路线替代）。

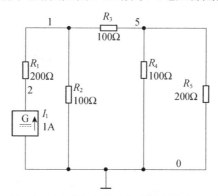

图 3-32　电流源 I_1 单独作用的仿真电路图

电流源 I_1 单独作用的仿真测试结果如图 3-33 所示。

由上述测试结果可得：电压源 V_1 和电流源 I_1 共同作用下 R_5 两端的电压（30V）和流经 R_5 的电流（150mA）等于电压源 V_1、电流源 I_1 单独作用下分别在 R_5 两端产生电压的代数和（5V+25V=30V）及流经 R_5 电流的代数和（25mA+125mA=150mA），从而验证了叠加定理是正确的。

仿真任务 2：用直流扫描分析法仿真验证戴维南定理。

针对图 3-27 所示的有源线性单口网络 ab 端口进行戴维南定理的验证。

（1）用虚拟仪器法仿真求得有源线性二端网络的等效电路

根据戴维南定理，有源线性单口网络的等效电路电压源电压等于该二端网络的开路电压，电阻等于该二端网络所有独立源为零时所得网络的等效电阻。

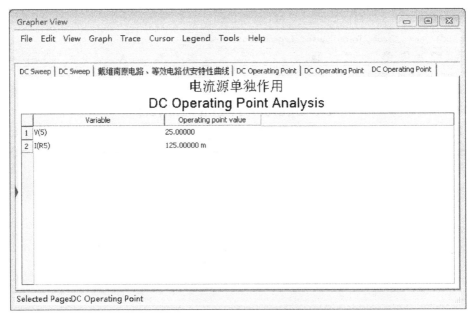

图 3-33 电流源单独作用的仿真测试结果

在 Multisim 14 平台上调用万用表及其他相关元器件，建立如图 3-34（a）所示仿真电路。运行仿真后可得万用表测试开路电压结果为 40V，如图 3-34（b）所示。

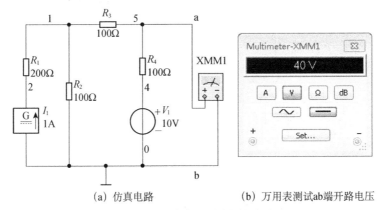

(a) 仿真电路　　　　　　　　(b) 万用表测试ab端开路电压

图 3-34 开路电压测试仿真电路

将原单口网络全部独立源置零处理（电流源用开路替代，电压源用短路替代），并用万用表欧姆挡测试该二端网络的等效电阻，运行仿真后可得万用表测试结果为 66.667Ω。

根据上述测试结果，可得图 3-27 所示有源线性单口网络 ab 端戴维南等效电路，如图 3-35 所示。

（2）用直流扫描分析法仿真有源线性单口网络原电路、戴维南等效电路的伏安特性曲线

为了采用直流扫描分析法对如图 3-27 所示有源单口 ab 端网络电路进行伏安特性仿真，需在图 3-36 所示电路 a、b 端接入一个电压源，并以该电压源电压为分析变量，即以该单口网络的输出电压为分析变量。仿真操作步骤如下：

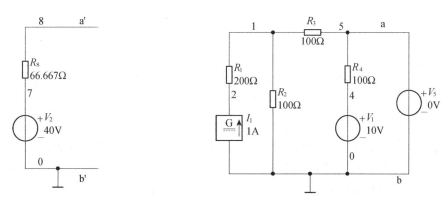

图 3-35 单口网络 ab 端戴维南等效电路　　图 3-36 有源单口网络原电路伏安特性的直流扫描分析仿真电路

① 在 Multisim 14 平台上建立原电路输出端口伏安特性测试的仿真电路。

② 单击主菜单"Simulate"下拉菜单的"Analyses and Simulation",在弹出的对话框的左侧栏目中选择"DC Sweep",打开"直流扫描分析"对话框。在"直流扫描分析"对话框中选择"Analysis Parameters"选项卡。在"Source 1"区设置各项参数如下。

- "Source": V5。
- "Start value": 0V。
- "Stop value": 40V。
- "Increment": 0.5V。

以上是将电压源 V_5 的电压设置为分析参数,并从 0V 到 40V 以 0.5V 增量扫描分析。

③ 选择"Output"选项卡。在该选项卡中的"Variables in circuit"项中选 I(V5),并单击"Add"按钮将其加入右边的"Selected variables for analysis"栏中。再单击运行按钮"Run",输出该有源单口网络原电路的伏安特性曲线,如图 3-37 所示。

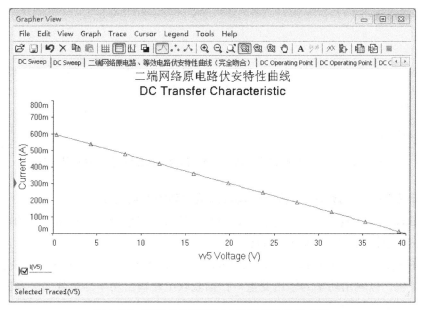

图 3-37 有源单口网络原电路的伏安特性曲线

图 3-37 显示了图 3-27 所示有源线性单口 ab 端对外输出电压变化时的输出电流变化规律，完全符合理论分析结果。

同理戴维南等效电路的伏安特性曲线仿真方法同上，不再赘述。

Multisim 14 平台上能够将上述原电路、等效电路伏安特性曲线置于同一坐标系中显示，便于更直观地进行比较，如图 3-38 所示。该操作方法为：首先要分别仿真出上述原电路、等效电路的伏安特性曲线，然后进入其中一幅伏安特性曲线图界面，单击该界面上方主菜单"Graph"下拉菜单的"Overlay traces"，然后在弹出的"Select a Graph"对话框中选择用来对比的另一幅伏安特性曲线图并单击"OK"按钮，之后显示的便是两个电路伏安特性曲线被置于同一坐标系中输出的曲线图。从图 3-38 中可以看出，两曲线几乎完全重合，说明两个电路的伏安特性完全一致，从而验证了戴维南定理的正确性。

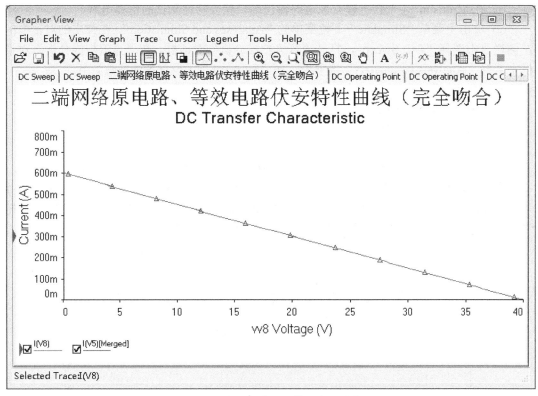

图 3-38　有源单口网络原电路、戴维南等效电路的伏安特性曲线对比

仿真任务 3：用参数扫描分析法仿真验证最大功率传输定理。

在 Multisim14 仿真软件中，观察电路中某个参数的取值变化对电路特性的影响时，可以用参数扫描分析法（Parameter Sweep）进行分析。

针对图 3-27 所示的有源线性单口网络 ab 端口，采用参数扫描分析法，改变负载 R_5 阻值参数的变化，以输出功率为输出变量，扫描获取电路输出功率与负载的关系曲线，进行最大功率传输定理的验证。

仿真操作步骤如下。

① 单击主菜单"Simulate"下拉菜单"Analyses and simulation"，选择"Parameter Sweep"，

进入"参数扫描分析"对话框,如图 3-39 所示。

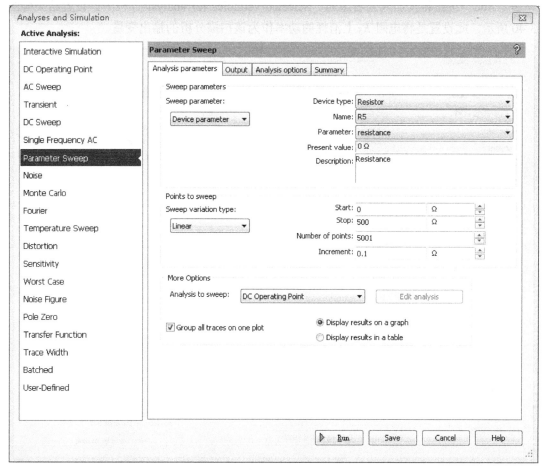

图 3-39 "参数扫描分析"对话框

在"参数扫描分析"对话框中选择"Analysis parameters"选项卡。该选项卡中的各项设置如下。

- "Sweep parameter":Device parameter。
- "Device type":Resistor。
- "Name":R5。
- "Parameter":resistance。
- "Sweep variation type":Linear(线性)。
- "Start":0Ω。
- "Stop":500Ω。
- "Increment":0.1Ω(扫描增量)。
- "Analysis to sweep"(扫描的分析类型):"DC Operating Point"(直流工作点)。

以上设置是将电阻 R_5 作为扫描参数,并从 0Ω 至 500Ω 以 0.1Ω 增量扫描,扫描分析类型为直流工作点分析。

② 选择"Output"选项卡。在该选项卡中的"Variables in circuit"项中选 P（R5），并单击"Add"按钮将其加入到右边的"Selected variables for analysis"栏中。设置结果如图 3-40 所示。此设置是将电阻 R_5 上消耗的功率作为该扫描分析的输出变量。

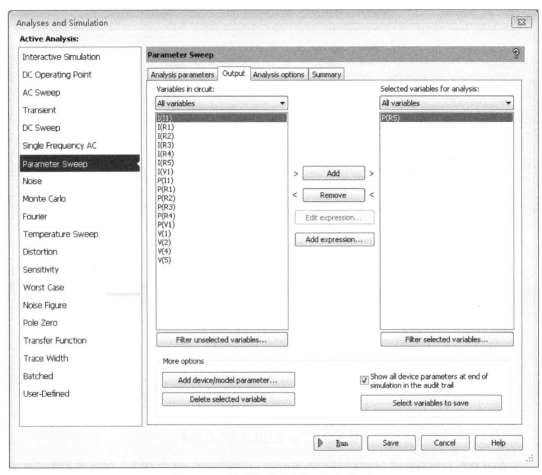

图 3-40 "参数扫描分析"对话框设置

③ 单击对话框中的"Save"按钮，保存该设置，之后自动回到电路工作区界面，再单击主菜单"Simulate"下拉菜单的"Run"，则输出该有源单口网络输出功率随负载变化的关系曲线仿真图，如图 3-41 所示。在此仿真图界面中，勾选上方主菜单"Cursor""Select cursor""Cursor 1"，再单击上述"Cursor""Go to next Y Max"，则曲线仿真图中弹出光标的实时坐标信息，光标 1 移动至曲线上 Y 坐标最大值位置（即最大输出功率位置），如图 3-41 所示，此时对应最大输出功率（6W）的负载电阻阻值为 66.7Ω，近似等于该有源单口网络的输出电阻理论值 $66\frac{2}{3}\Omega$（存在仿真误差）。此仿真结果与理论分析相符，从而验证了最大功率传输定理的正确性。

值得一提的是，通过上述仿真手段获得的对应最大输出功率的负载阻值会无限接近其理论值，其接近程度取决于扫描参数 R_5 的扫描增量，增量越小，接近程度越高，仿真误差越小，但扫描仿真速度会越慢。

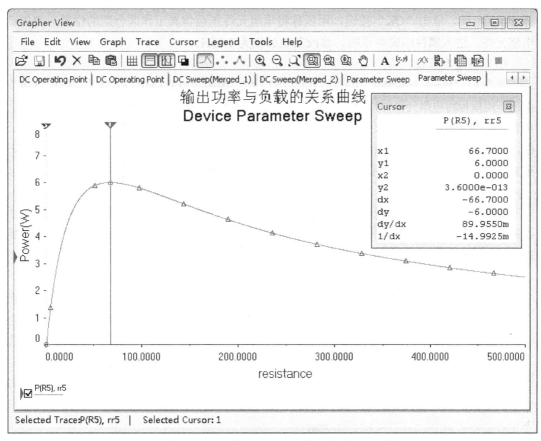

图 3-41 有源单口网络输出功率随负载变化的关系曲线仿真图

3.7 日光灯电路功率因数提高的仿真实例

仿真任务：在交流电路中，用 Multisim14 仿真软件对搭建的日光灯电路模型进行仿真，完成日光灯电路电压、电流、功率和功率因数的测量（日光灯灯管额定电压为 220V，额定功率为 40W）；并要求仿真研究补偿电容与功率因数的关系；假设电源传输线损为 20Ω，仿真研究日光灯电路功率因数与电源输出功率的关系。

（1）在 Multisim14 中调用交流电压源

单击元件库工具栏中 ÷ "Place Source"，进入电源库页面后，在 "Family" 区单击 "POWER_SOURCES"，调用 "AC_POWER"，单击 "OK" 按钮，用鼠标将直流电压源拖至仿真工作区合适的位置。在工作平面内 "AC_POWER" 显示的是电压有效值，双击后，将其修改为 220V，"Frequency" 改为 50Hz，"Phase" 默认 0°。

（2）调用日光灯模型电路

日光灯灯管和整流器的线圈电阻的等效电阻 $R+r$ 取为 300Ω，镇流器电感取为 1.65H。单击元件库工具栏 "Basic" 中的 "RESISTOR"，选择 300 阻值，在 "INDUCTOR" 库中选择 1.5H 电感,单击"OK"按钮,用鼠标将电阻元件拖至仿真工作区合适的位置。双击该电感元件,进入属性编辑对话框,修改其电感值为 1.65H。

(3) 调用电压表

单击 图 "Place Indicator"的"VOLTMETER",调用"VOLTMETER_V",单击"OK"按钮,用鼠标将电阻元器件拖至仿真工作区合适的位置。本例需要测量日光灯支路电压 U_R,电容支路电压 U_C,电源电压 U,所以需要添加 3 个电压表。双击电压表,打开属性设置对话框,选择"Value"选项卡。"Mode"栏目默认为 DC,由于本例中的电路是交流电路,需将"Mode"模式修改为 AC。实验室常用电压表都有内阻,本例"Resistance"栏默认内阻为 10MΩ。

(4) 调用电流表

方法同(3),因需要测日光灯支路电流 I_{RL},电容支路电流 I_C,电源输出总电流 I,所以需要添加三个电流表。本例中的电流表"Resistance"栏默认内阻为 10^{-9}Ω,将"Mode"模式修改为 AC。

图 3-42 功率表图标

(5) 添加功率表

单击仪器工具栏中功率表"wattmeter",拖至合适区域,显现如图 3-42 所示的功率表,其左边 V 标记的两个端子用于测量电压,与被测电路并联,右边 I 标记的两个端子用于测量电流,串联于被测电路。双击功率表,面板中的"Power Factor"为功率因数,其值范围为 0~1。

(6) 将所需元器件与仪表调出到仿真工作平台,连接成如图 3-43 所示的电路。图中虚线框为日光灯模型的等效电路。

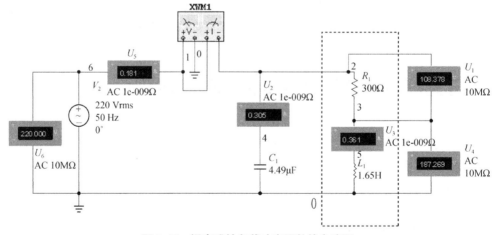

图 3-43 提高感性负载功率因数的电路图

(7) 仿真测试

调节图 3-43 中 C_1 电容值。双击电容 C_1,修改属性设置对话框中的"Value"选项,使 C_1 的值在 0~10μF 之间变化,逐点测出图 3-43 电路相应的各个电压、电流、功率表中功率因数的值,填入表 3-1。

(8) 假设电源传输线路耗损为 20Ω 的仿真电路图如图 3-44 所示,修改属性页面中的"Value"选项,使 C_1 的值在 0~10μF 之间变化,测量出线路损耗电压 U_{R_2},电源输出电流 I、功率 P_1,日光灯消耗功率 P_2 及功率因数 $\cos\theta$ 的值,填入表 3-2。

表 3-1 提高感性负载的功率因数电路测试数据

C (μF)	U (V)	U_R (V)	U_L (V)	I (A)	I_{RL} (A)	I_C (A)	P (W)	$\cos\theta'$
0	220	110.2	190.4	0.367	0.367	0	40.5	0.501
1	220	110.2	190.4	0.309	0.367	0.069	40.5	0.595
2.2	220	110.2	190.4	0.248	0.367	0.152	40.5	0.715
3.2	220	110.2	190.4	0.208	0.367	0.221	40.5	0.857
4.49	220	110.2	190.4	0.184	0.367	0.310	40.5	1
5.7	220	110.2	190.4	0.199	0.367	0.394	40.5	0.936
6.9	220	110.2	190.4	0.243	0.367	0.477	40.5	0.799
7.9	220	110.2	190.4	0.293	0.367	0.546	40.5	0.664
8.9	220	110.2	190.4	0.350	0.367	0.615	40.5	0.554
10	220	110.2	190.4	0.416	0.367	0.691	40.5	0.442

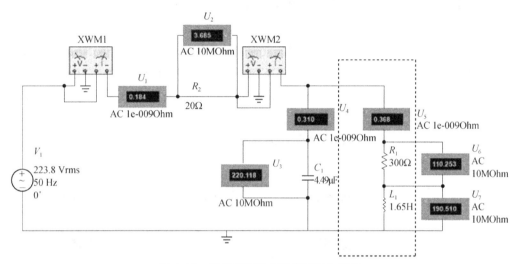

图 3-44 考虑线损的日光灯仿真电路图

表 3-2 提高感性负载的功率因数对电源输出功率的影响测试数据表

C (μF)	U_{R_2} (V)	I (A)	P_1 (W)	P_2 (W)	$\cos\theta'$
0	7.35	0.367	43.2	40.5	0.501
1	6.19	0.310	42.4	40.5	0.595
2.2	4.96	0.248	41.7	40.5	0.742
3.2	4.16	0.208	41.4	40.5	0.885
4.49	3.69	0.184	41.2	40.5	0.999
5.7	3.98	0.199	41.3	40.5	0.924
6.9	4.87	0.243	41.7	40.5	0.757
7.9	5.86	0.293	42.2	40.5	0.628
8.9	6.99	0.350	42.9	40.5	0.526
10	8.32	0.416	43.9	40.5	0.442

通过表 3-2 的实验数据可以看出，由于线路损耗的存在随着日光灯电路功率因数的提高，日光灯电路本身消耗功率不变，但电源输出功率随着功率因数的提高而减小。

3.8 RLC 串联谐振电路仿真实例

仿真任务：在正弦交流电路中，用 Multisim 14 仿真分析串联谐振电路 $R=500\Omega$，$C=2.65\text{nF}$、$L=66\text{mH}$ 的谐振频率 f_o 和频率特性。

首先计算 RLC 串联谐振电路的谐振频率为

$$f_o = \frac{1}{2\pi\sqrt{LC}} = 12040.5\text{Hz}$$

串联谐振电路的品质因数为

$$Q = \frac{1}{\omega_o RC} = 9.981$$

1．用 Multisim 14 虚拟实验室测试方法

按图 3-45（a）所示编辑电路图，接地电阻、电容、电感按常规方式。

方法 1：输入信号选用交流电压源。单击元件工具条中 ÷ 电源库的"SIGNAL_VOLTAGE_SOURCES"（电压信号源），调用"AC_VOLTAGE"（交流电压源），单击"OK"按钮，拖至电子工作平台合适的位置，释放鼠标结束。交流电压源显示的电压值为峰值。双击该元件，进入属性编辑页，按图 3-45（a）所示修改参数。（注意在实际实验室测电阻两端电压 U_3 和电容两端电压 U_1 时，交流毫伏表的黑表笔应与信号发生器输出端地线共地。）

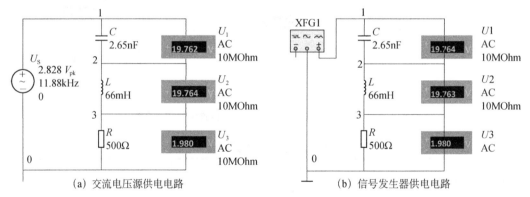

(a) 交流电压源供电电路 (b) 信号发生器供电电路

图 3-45 实验室测试法电路图

通过改变电源频率，得到结果：当电源频率为 11.88kHz，电阻 R 两端电压有效值达到最大 $U_{3\max}=1.98\text{V}$，此电源频率 11.88kHz 就是电路的谐振频率 f_o，与理论值（12.040 kHz）接近。通过计算得到谐振电流 $I_o=U_{3\max}/R=3.96\text{mA}$。此时电容上的电压 U_1 几乎等于电感上的电压 U_2。根据测得的电容电压 U_1 或电感电压 U_2 的有效值，仿真实验测试计算得

$$Q = \frac{U_1}{U_S} = \frac{19.762}{2} = 9.881 \quad \text{或} \quad Q = \frac{U_2}{U_S} = \frac{19.764}{2} = 9.882$$

与 Q 的理论值（9.981）接近，从而验证了串联谐振时 U_1 与 U_S 之间及 U_2 与 U_S 之间关系。

保持信号电源电压 U_S 值不变，继续调节电源频率，使电阻 R 两端电压在 $0.5U_{3\max}\sim$

$0.9U_{3\max}$ 之间变化，记录对应的频率，并找出当电路电流（电压）下降为 $U_{3\max}$ 值的 0.707 倍时所对应的上、下限频率 f_H=12.5kHz 和 f_L=11.29kHz，算出通频带 $\Delta f=f_H-f_L$=1.21kHz。根据测试数据，可画出谐振曲线 $I=f(f)$（略）。

方法 2：输入信号选用函数信号发生器。调用仪器工具栏中 "Function Generator"（信号发生器）代替电路图 3-45（a）所示的交流电压源，如图 3-45（b）所示。为保证共地，信号发生器接线应从 "+" 和中性点 "Common" 引出。双击信号发生器，修改面板参数：选择正弦波，频率设为 12.04kHz 左右，"Duty cycle"（占空比）为默认值 50%，"Amplitude"（幅值）设为 2.828V，"Offset"（直流偏置）设为默认值 0，如图 3-46 所示。仿真得到谐振频率 f_0=12.03kHz（与调用交流电压源测试的仿真结果略有差异）。同样通过调节信号发生器频率，得到一组测试数据，画出谐振曲线 $I=f(f)$（略）。

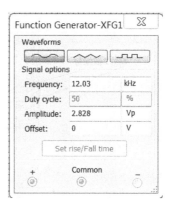

图 3-46 信号发生器参数设置

2．波特仪测试法

（1）编辑电路图，调用波特仪

单击仪器工具栏中 "Bode Plottter"（波特仪），拖至电子工作平台合适的位置，释放鼠标结束。将左边 IN 标记的两个端子 "+" 接输入、"-" 接信号源地线，将右边 OUT 标记的两个端子 "+" 接输出、"-" 接信号源地线，如图 3-47 所示。注意，信号发生器仅仅作为一个电源形式放置（必须放置），其幅值和频率的大小对频率特性无影响。

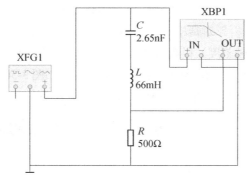

图 3-47 波特仪测试法

（2）仿真测试

双击波特仪，调整面板参数，得到 "Magnitude"（幅频特性），如图 3-48 所示。"Horizontal"（X 轴）表示频率，选择刻度是 Log（对数），I 为坐标轴起始值，F 为终止值（注：X 轴终止值 F 取值需远远大于 f_0）。"Vertical"（Y 轴）选择刻度是 Lin（线性）的，表示 $U/U_{\max}$（Y 轴最大值为 1）。移动标尺，使得 Y 轴坐标值尽可能显示最大（接近于 1），得到谐振频率 f_0=11.963kHz（与虚拟实验室测试的仿真结果略有差异）。继续移动标尺，读出 Y 轴坐标值约 0.707 倍时所对应的两个频率 f_H=12.759kHz 和 f_L=11.464kHz。此结果与虚拟实验室测试的谐振曲线结果接近。单击 "Phase"（相频特性）按钮，得到相频特性如图 3-49 所示。

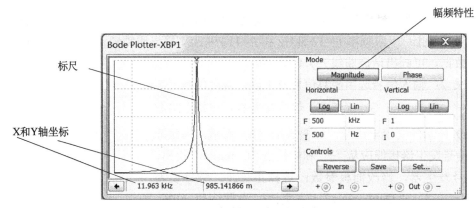

图 3-48 波特仪测试幅频特性

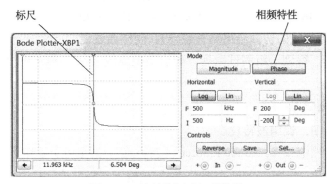

图 3-49 波特仪测试相频特性

3．AC Analysis 交流分析测试法

电路如图 3-45 所示。通过单击主菜单"Simulate"的下拉菜单"Analyses"，选择"AC Analysis"，进入"交流分析"对话框，如图 3-50 所示。在"Frequency Parameters"选项卡中的"Vertical scale"（纵轴刻度）栏选择"Liner"（线性），"Start frequency（FSTART）"（起始频率）及"Stop frequency（FSTOP）"（终止频率）设置如图 3-50 所示。选择"Output"选项卡，再选择 V（3）节点电压。单击"Simulate"按钮，得到的波形与波特仪上的曲线一致。

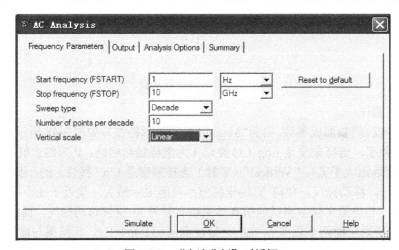

图 3-50 "交流分析"对话框

单击该页面上的 键,进入 "Grapher View" 窗口,AC Analysis 测试法频率特性如图 3-51 所示,出现红、蓝两个标尺。移动标尺,结合 "Cursor" 菜单测出 $f_0 \approx 12.2924\text{kHz}$,$f_H \approx 13.54\text{kHz}$ 和 $f_L \approx 11.5246\text{kHz}$,与波特仪测试结果略有差异,但基本一致。频率特性和数据如图 3-51 所示。

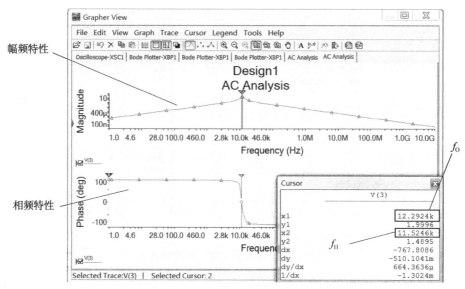

图 3-51 AC Analysis 测试法频率特性

3.9 一阶 RC 电路的暂态过程仿真实例

仿真任务 1:在暂态电路中,用 Multisim 14 仿真观察电容 C 的充、放电曲线,并完成时间常数 τ 测试。

(1)用瞬态分析法(Tansient Analysis)测试电容的充电曲线,求出充电时间常数 τ

在 Multisim 14 平台上建立如图 3-52 所示 RC 电容的充、放电仿真电路。

通过单击主菜单 "Simulate" 的下拉菜单 "Analyses",选择 "Transient Analysis",进入 "瞬态分析" 页面。

在 "瞬态分析" 页面选择 "Analysis Parameters" 选项卡,在该选项卡的 "Initial Conditions" 项中,设置仿真开始时的初始条件为 "Set to zero"(初始状态为零),设置仿真开始时间为 0,终止时间为 7ms(此时间的设置根据经过 $4\tau \sim 5\tau$ 时间,电路充电过程结束,从而进入稳定的工作状态)。

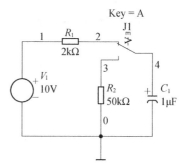

图 3-52 RC 充、放电仿真电路图

再在 "瞬态分析" 页面选择 "Output" 选项卡,选择 V(4)节点电压,单击 "Add" 按钮,最后按 "Simulate" 键,先得到如图 3-53(a)所示 RC 充电曲线。再单击视图工具栏中的 "Show/Hide Cursors" 按钮,即可显示如图 3-53(b)所示 RC 充电曲线的相关数据。

移动坐标轴上的移动标尺（1）即可求出电容 C 的充电时间常数 τ，如图 3-53（b）所示，Y_1=63.2% V_1=6.33V（根据电容充电到稳态值电压的 63.2%左右时所对应的时间就是一阶 RC 电路的电容充电常数 τ 的定义）；X_1= τ =2.0055ms（充电时间常数 τ 的理论值=RC=$2\times10^3\times1\times10^{-6}$=2ms）跟理论值基本一致。

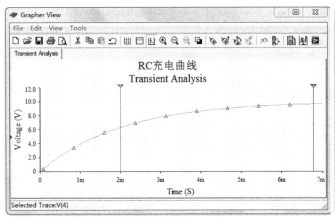
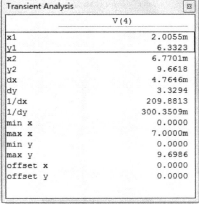

（a）RC 充电曲线　　　　　　　　（b）RC 充电曲线相关数据

图 3-53　充电时间常数 τ 的测试方法

（2）用瞬态分析法测试电容的放电曲线，求出放电时间常数 τ

在如图 3-52 所示仿真电路中，将单刀双掷开关放置于 3 位置。与上述电容充电曲线不同之处是，首先需要对电容 C 的初始值电压属性进行设置，将电容的初始值电压（Value）设置为一个定值，本例设为 10V。

再次进入"瞬态分析"页面选择"Analysis Parameters"选项卡，在该选项卡的"Initial Conditions"区中，设置仿真开始时的初始条件为"User defined"（由用户自定义初始值），其他步骤与充电曲线设置相同。仿真结果如图 3-54 所示，Y_1=36.8% V_1=3.68V（根据电容放电到零状态电压的 36.8%左右时所对应的时间就是一阶 RC 电路的电容放电常数 τ 的定义）；X_1= τ =50.00ms（放电时间常数 τ 的理论值=RC=$50\times10^3\times1\times10^{-6}$=50ms）与理论值一致。

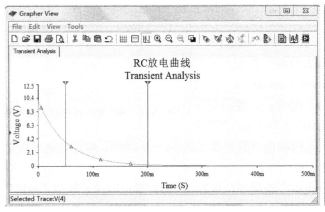

图 3-54　仿真结果

仿真任务 2：观察 RC 微分和积分电路的仿真瞬态波形。

（1）用参数扫描分析法（Parameter Sweep）观察 RC 微分电路波形

如图 3-55 所示电路，根据电路原理分析可知，当 $\tau \ll T$ 时，电路中电阻 R_1 上的输出电压（V_2）与脉冲信号源 U_s 提供的电路输入电压（V_1）近似为微分关系，该电路即为微分电路。

在 Multisim 14 平台上调用相关元器件，建立如图 3-55 所示的 RC 微分仿真电路。其中，脉冲信号源 U_s 周期 T 为 2ms，高电平宽度为 1ms，高、低电平分别为 5V、0V。用参数扫描分析法通过改变电容 C_1 的取值即改变时间 $\tau = RC$ 的值来观测 R_1 电压输出波形的变化情况。

参数扫描分析法操作步骤如下。

单击主菜单"Simulate"的下拉菜单"Analyses and simulation"，选择"Parameter Sweep"，进入"参数扫描分析"对话框，如图 3-56 所示。

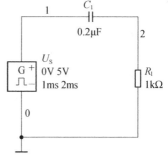

图 3-55 RC 微分仿真电路图

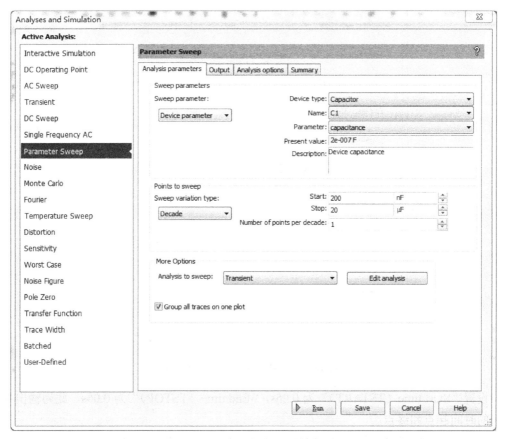

图 3-56 "参数扫描分析"对话框

在"参数扫描分析"对话框中选择"Analysis parameters"选项卡，该选项卡中的各项设置如下。

- "Sweep parameter"：Device parameter。
- "Device type"：Capacitor。
- "Name"：C1。
- "Parameter"：capacitance。
- "Sweep variation type"：Decade（十倍刻度）。
- "Start"：200nF。
- "Stop"：20μF。
- "Number of points per decade"：1。
- "Analysis to sweep"（扫描的分析类型）："Transient"（瞬态）。

以上为电容 C_1 设置扫描参数，并分别取值 20μF、2μF、200nF，设置扫描分析类型为瞬态。

然后在该选项卡中单击"Edit analysis"按钮，弹出"瞬态分析扫描"对话框，如图 3-57 所示。

图 3-57　"瞬态分析扫描"对话框

设置"Start time（TSTART）"为 0.05s，"End time（TSTOP）"为 0.06s。此为输出瞬态波形的时间起点和终点。

然后单击"OK"按钮，回到"Parameter Sweep"对话框。选择"Output"选项卡。在该选项卡中的"Variables in circuit"项中依次点选 V（1）、V（2），并单击"Add"按钮将其加入右边的"Selected variables for analysis"栏中，如图 3-58 所示。此操作选择 V_1、V_2 电压波形为输入、输出电压分析波形。

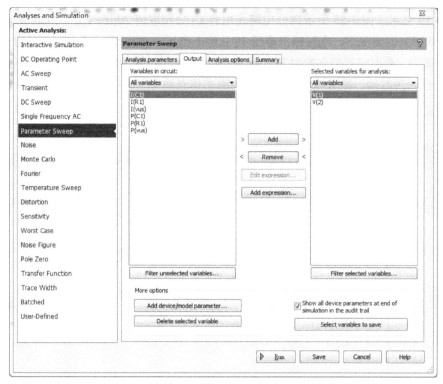

图 3-58　参数扫描分析的"输出"选项卡

单击该选项卡下方的"Run"按钮，即可输出仿真结果波形，如图 3-59 所示。

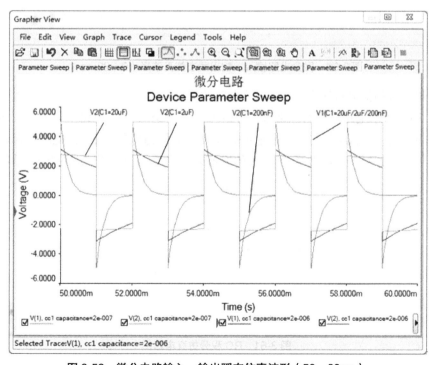

图 3-59　微分电路输入、输出瞬态仿真波形（50～60ms）

图 3-59 显示了图 3-55 所示微分电路在电容 C_1 分别取值 20μF、2μF、200nF（即 $\tau=10T$、$\tau=T$、$\tau=0.1T$）的情况下，电路输出电压 V_2 和输入电压 V_1 的瞬态波形，与理论分析结果完全相符。其中，截取波形的起始时刻选择 50ms 而非 0ms，是考虑到电容达到充放电稳定状态需要经过一段时间。微分电路输入、输出瞬态仿真波形（0~20ms）如图 3-60 所示。

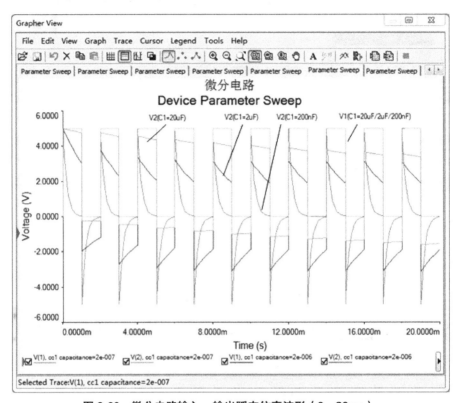

图 3-60 微分电路输入、输出瞬态仿真波形（0~20ms）

（2）用参数扫描分析法观察 RC 积分电路波形

如图 3-61 所示电路，根据电路原理分析可知，当 $\tau \gg T$ 时，电路中电容 C_1 上的输出电压（V_2）与脉冲信号源 U_s 提供的电路输入电压（V_1）近似为积分关系，该电路即为积分电路。

可以用参数扫描分析法改变电阻 R_1 的取值来观测 C_1 电压输出波形的变化情况。

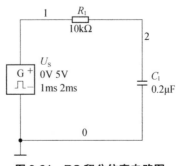

图 3-61 RC 积分仿真电路图

第 4 章 电路分析基础实验

实验 4.1 常用电子仪器的使用

数字交流毫伏表使用（UT631）

SP1641B 函数信号发生器

1．实验目的

（1）初步掌握函数信号发生器的使用。
（2）学会使用数字交流毫伏表、数字万用表进行相关电压的测量。
（3）学会使用数字示波器观察电路中各观测点的电压、电流波形。
（4）学会使用数字示波器测试电路中电压波形相关参数的测量。
（5）学会使用数字示波器测量两路信号波形的相位差角。

2．实验任务

（1）用数字交流毫伏表、数字万用表测量函数信号发生器输出的正弦交流信号电压。
测量 6V 正弦交流信号电压有效值见表 4-1。

表 4-1　测量 6V 正弦交流信号电压有效值

正弦波信号频率（kHz）	0.1	0.5	1	20	200
数字交流毫伏表（V）					
数字万用表（V）					

要求函数信号发生器输出正弦信号电压有效值为 6V，将测量数据记录于表 4-1 中。根据上述测量数据，得出实验结论。

（2）使用数字示波器和数字交流毫伏表测量正弦交流信号。

① 自检数字示波器的探头（或自检简易信号输出线）。

将探头接到示波器的探头补偿器上（见第 2 章第 2.8 节图 2-12），观察数字示波器自带方波信号，将波形相关测量数据记录于表 4-2 中。根据测量数据，得出实验结论（提醒：使用时要注意示波器探头衰减的开关位置）。

表 4-2　示波器自检信号的测量

示波器衰减倍率菜单设置	U_{PP}（V）	T（Prd）	f（Freq）
探头衰减 1×（示波器倍率菜单设置为 1×）			
探头衰减 1×（示波器倍率菜单设置为 10×）			
探头衰减 10×（示波器倍率菜单设置为 1×）			
探头衰减 10×（示波器倍率菜单设置为 10×）			

② 数字示波器测量正弦交流信号峰峰值。

用示波器监测正弦波电压信号。调节函数信号发生器输出信号，设置其输出信号峰峰值参见表 4-3，分别用数字交流毫伏表、数字示波器测量其有效值，并填入表 4-3 中。根据测量数据，得出正弦交流信号峰峰值与有效值的关系。

表 4-3 正弦波信号频率选用 1kHz

信号发生器输出正弦信号（峰峰值）/V	6	3	0.8
数字交流毫伏表测量正弦信号（有效值）/V			
数字示波器电压测量正弦信号（有效值）/V			

（3）数字示波器测量正弦交流信号的周期、频率。

用函数信号发生器输出正弦交流信号有效值电压为 5V，频率分别设置为 200Hz、2kHz、20kHz，然后用数字示波器测量正弦波信号的周期、频率，并填入表 4-4 中。

表 4-4 正弦波信号有效值电压为 5V

函数发生器输出频率/kHz	0.2	2	20
数字示波器测量波形周期 T			
数字示波器测量波形频率 f			

（4）数字示波器测量两路信号波形的相位差角。

实验中采用 1kHz、5V（峰峰值）正弦信号，经过图 4-1 的 *RC* 移相网络，获得同频率不同相位的两路信号。要求用示波器测量出它们之间的相位差，并与理论计算值进行比较。

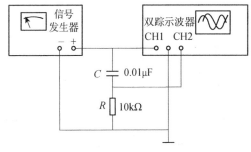

(a) 数字示波器测量两路信号波形电路图

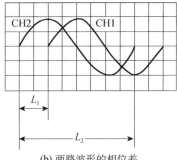

(b) 两路波形的相位差

图 4-1 数字式示波器测量波形的相位差示意图

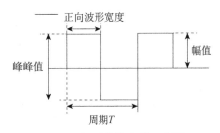

图 4-2 矩形波的参数示意图

（5）脉冲信号的测量。

调节函数信号发生器输出一个频率为 2kHz、峰峰值为 4V、占空比为 30%的矩形波，用数字示波器将该信号的幅值、周期、每个周期正向波形宽度测试出来，记录在表 4-5 中。矩形波的参数示意图如图 4-2 所示。请注意用数字示波器观察脉冲信号的波形时，触发耦合方式要置于直流耦合（DC）模式。

表 4-5　脉冲信号的测量

频率 (Freq)	周期 (Prd)	正脉宽 (+Wid)	正占空比 (+Duty)	正峰值 ($U_{\max}$)	负峰值 ($-U_{\max}$)	峰峰值 (U_{PP})

3．实验设备

模拟电路实验箱 1 套；
数字示波器 1 台；
函数信号发生器 1 台；
数字交流毫伏表 1 台；
数字万用表 1 台；
导线若干。

数字式示波器使用　　数字万用表的使用　　信号发生器的使用
（DS1072U）　　　　（UT802）　　　　　（DG1022U）

4．实验原理

参见第 2 章相关内容。在进行电工电子测量中，需要使用多种测量仪器完成各种不同的测量，如图 4-3 所示。

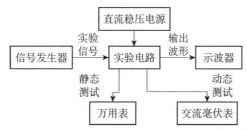

图 4-3　电路实验中测量仪器连接框图

图 4-3 所示实验电路为被测线路，由直流稳压电源为其提供电能，函数信号发生器为其提供测试所需各种信号，如正弦信号、方波信号等。实验电路的测量一般包括数值测量与波形观测，数值测量又分为直流量的测量与交流量的测量，根据不同电路所用仪表有所不同。波形观测一般采用数字示波器进行。用数字交流毫伏表监测函数信号发生器的输出，其方法是将函数发生器输出探头的黑夹子和红夹子分别与数字交流毫伏表输出探头的黑夹子和红夹子对接，同时也用数字万用表挡位"交流"（AC 量程）测量信号发生器输出的正弦信号电压有效值（数字万用表的红、黑表笔分别对接在前者的红、黑夹子上），保证测量仪器有共同的接地端。

电子测量仪器在工作时往往需要提供电源，在进行测量时要特别注意，所有带电工作的测量仪器必须有一个共同的接地端。

被测实验电路：实验电路可以是一个单元电路，也可以是综合设计性电路。无论何种电路都要使用一些电子仪器及设备进行测量。测量分为两种，一种是静态测量，另一种是动态测量。通过观察实验现象和结果，将理论和实践结合起来。

直流稳压电源：它是为被测实验电路提供能源的仪器，通常是输出电压。

测量仪器及仪表：数字万用表和数字交流毫伏表等，分别用来测量实验电路中的直流电压和交流电压，还可以用电流表、频率计等仪器测量电路的电流、频率等参数。

函数信号发生器：用来产生信号源的仪器，可以用来产生正弦波、三角波、方波等信号，输出信号（频率和幅度）均可调节，可根据被测电路的要求选择输出波形。

数字示波器：用来观察、测量实验电路的输入和输出信号。通过数字示波器可以显示电压或电流的波形，可以测量信号的频率、周期、波形相位差及其他有关参数。

5．实验预习

（1）实验前请认真阅读第 2 章数字示波器、函数信号发生器、数字交流毫伏表、数字万用表的使用方法。

（2）用数字交流毫伏表、数字万用表测量正弦交流信号的电压均为有效值。

（3）掌握数字交流毫伏表、数字万用表测量正弦信号的电压的适用条件。根据实验结果说明为什么在不同信号频率下数字万用表与交流毫伏表测量的信号电压值结果不同、两表的频率适用范围。

（4）共地是指函数信号发生器、数字交流毫伏表、数字示波器的接地端，应连在一起。

（5）使用数字示波器时，请注意以下几点：

① 请同学自检数字示波器的探头（信号输入线）。

用数字示波器观察波形时，注意探头是否带衰减。如果示波器的探头设置为衰减 10×，需将"示波器设置菜单"的探头倍率选择与探头的实际衰减倍率保持一致。

② 示波器探头地线的通断检查（由于示波器的探头地线使用频繁，很容易断开）。可用数字万用表的二极管蜂鸣挡位进行检测。

③ 掌握数字示波器双通道的"耦合方式"的设置方法，并且熟悉数字示波器五个区域（运行控制区、垂直控制区、水平控制区、触发控制区、功能菜单区）的主要功能，并熟练学会各区域下拉菜单的使用方法。

掌握用数字示波器测量正弦交流信号周期与频率及有效值、最大值的方法，以及用数字式示波器测量两路信号波形的相位差。

④ 熟练掌握数字示波器光标测量键（Cursors）功能，掌握光标模式的几种功能，尤其追踪功能的使用方法，该功能对电路动态参数的测量非常便利。

⑤ 掌握正弦信号电压有效值与峰峰值、周期与频率的关系。

⑥ 掌握数字示波器双通道的水平扫描基线归零位（归中）的方法。

⑦ 用数字示波器同时观察两通道信号波形，注意如何将波形稳定地显示在显示屏上，其方法如下：

- 调节触发电平（LEVEL）。旋转此旋钮，显示屏上出现一条橘黄色的触发电平线随此旋钮的转动而上下移动。移动此线，使之与触发信号波形相交，则可使波形稳定。
- 如果上述方法观察的是两路波形还不能稳定，可按 LEVEL 下的"MENU"旋钮，在示波器显示屏右侧出现触发设置菜单，触发模式一般选"边沿触发"，信源选择时若是"CH1"通道是信号输入，就选"CH1"，否则选"CH2"通道。

（6）使用函数信号发生器时，请注意以下几点：

① 掌握设置函数信号发生器的频率大小（mHz、Hz、kHz、MHz）。

② 掌握设置函数信号发生器的信号输出幅度大小（峰峰值 mU_{PP}、U_{PP}，有效值 U_{RMS}、mU_{RMS}）的设置。

③ 掌握函数信号发生器的占空比按钮、直流偏置按钮的使用方法。

④ 掌握占空比的定义：它指的是矩形波的正向波形宽度占矩形波整个周期 T 的比值。

⑤ 函数信号发生器输出信号通道（CH1 或 CH2）选择必须与其显示屏幕上一致，且其输出按钮（绿灯点亮）"Output"必须按下。

6．课前自测

（1）正弦波信号的峰峰值与有效值的关系，$U_{PP}=$_____U_{RMS}有效值。

（2）数字交流毫伏与数字万用表哪个仪器适合测量高频交流信号？

（3）如果用带有衰减探头 10× 的示波器测量某一正脉冲信号的输出幅值为 0.5V，则该信号的输出实际幅值应为多少？

（4）如果示波器倍率菜单探头设置为 10×，但是探头开关起作用 10×。示波器测量某一正脉冲信号的输出幅值为 0.5V，则该信号的输出幅值实际应为多少？

（5）在用数字万用表测量交流电压时，如果显示值始终显示 0.00，最有可能的原因是超量程显示还是挡位选错？

（6）数字交流毫伏表测量的电压是有效值还是最大值？

（7）观测交流信号波形或直流信号波形，数字示波器的耦合方式应为什么方式？

（8）如果示波器的显示屏显示为两个，将其恢复成一个显示屏的旋钮是哪个？

（9）随着频率的升高，用数字万用表测量交流信号电压值会有什么变化？

（10）将示波器的扫描基线归零位（位于屏幕正中央）的旋钮是哪个？

7．课后思考

（1）数字交流毫伏表的电压读数和数字万用表的电压读数有什么异同？

（2）现有一正弦信号，其峰峰值为 6V，$f=1kHz$，若想在示波器显示屏上显示一个完整周期为 5cm（5 个方格）、高度为 6cm（6 个方格）的正弦电压，试问示波器水平坐标刻度调节旋钮、垂直坐标刻度调节旋钮应置何位置？

（3）简要叙述使用数字示波器测量信号波形相位差的操作步骤。

（4）简述用数字示波器测量被测信号的周期和幅值的步骤。

（5）用数字示波器观察波形时，若波形不稳定，如何操作？

实验 4.2　基本电参数的测量

1．实验目的

（1）掌握电工技术实验装置上元器件、直流电工仪表和数字万用表的使用方法。

（2）掌握基本电参数的测量方法。

（3）加深理解基尔霍夫定律，掌握应用基尔霍夫定律分析电路的基本方法。

（4）掌握电流测量插孔与电流测量线的配套使用方法。

（5）熟悉函数信号发生器和数字示波器的使用方法。

2．实验任务

（1）完成图4-4所示电路的电流I_3、电压U_2和电阻R_2的测量；通过间接测量法，算出流过电阻R_2上的电流I_2，填入表4-6中，并用示波器读出电阻R_2上的电压波形。

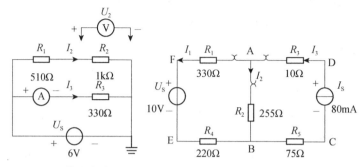

图4-4 基本电参数的测量　　图4-5 基尔霍夫定律验证测量

表4-6　基本电参数的测量

项目	I_3/A	U_2/V	R_2/Ω	计算I_2/A
测量值				
理论计算值				
误差计算				

（2）完成图4-5所示电路的测量，根据表4-7数据验证基尔霍夫定律。

表4-7　基尔霍夫定律验证测量

项目	U_{BE}/V	U_{EF}/V	U_{FA}/V	U_{AB}/V	U_{BC}/V	U_{CD}/V	U_{DA}/V	I_1/mA	I_2/mA	I_3/mA
测量值										
计算值	ΣU_{ABEF}=___V				ΣU_{ABCD}=___V				ΣI=___mA	

（3）在图4-5所示的电路中将R_4替换为二极管（其中二极管的阳极接节点E，阴极接节点B），完成电路的测量，根据表4-7数据验证基尔霍夫定律。

3．实验设备

电工技术实验装置1台；

数字万用表1台；

函数信号发生器1台；

示波器1台；

细导线若干。

4．实验原理

（1）电压的测量

① 直接测量法。通常根据被测信号的特点（如测量电压范围、测量频率范围、输入阻抗等）来选择电压表。因为电压表是并联在被测回路上的，所以对于直流或低频电压，除了用直流（交流）电压表或数字万用表来测量外，还要求电压表的输入阻抗足够大。交流

电压表只适合测量正弦电压有效值 U。对于高频电压，可用交流毫伏表来测量，且除了要求交流毫伏表的输入阻抗足够大外，还要求容抗足够小。

关于电压的测量精度（即相对误差），可分好几个等级。通常直流电压的测量精度比交流电压的精度高，数字电压表精度也相对较高。

② 示波器测量法。除了用示波器观察波形外，同时可以测量电压峰值 U_P、周期 T 等。模拟示波器对于交流电压有效值 U 可以通过 $U=U_P/\sqrt{2}$ 进行换算。数字示波器可以直接读出。

③ 大电压的测量。测量大电压可以通过分压电阻来扩大表计的量程。工程上常用电压互感器来测量交流工频大电压。

（2）电流的测量

① 直接测量法。根据被测信号的特点（如测量电流范围、测量频率范围、输入阻抗等）来选择电流表。因为电流表是串联在被测回路上的，所以对于直流或低频电流，除了用直流（交流）电流表来测量外，还要求电流表的输入内阻应远远小于被测阻抗。交流电流表只适合测量正弦电流有效值 I。

② 间接测量法。通过电压表或示波器测量电阻上的电压 U，再通过 $I=U/R$ 进行换算。对于高频电流，可通过交流毫伏表测出电压后，再换算出电流即可。

③ 电流测量插孔与电流测量线的测量法。因为电流表串联在被测回路上，在测量电流时要将电路断开，串入电流表。实验室中常用电流测量插孔和电流测量线配套使用，可以在不改动电路结构的情况下，用一块电流表来测量多个支路的电流。电流测量线的一端金属头用于插入电流测量插孔，线的另一端引出红黑接线，用于连接电流表（注意直流电流表的极性）。电流插孔在未接入电流测量线时，其内部弹簧片处于短接状态，当接有电流表的电流测量线插入待测支路的电流测量插孔时，电流插孔的弹簧片处于断开状态，使得电流表串接在待测支路中，从而显示出该支路电流。

④ 大电流的测量。测量大电流可以通过分流电阻来扩大仪表的量程，或用专门的大电流测量仪器。工程上常用电流互感器来测量交流工频大电流。

（3）电阻的测量

① 欧姆表法。在测量精度要求不高时，可直接用欧姆表（或万用表的欧姆挡）测量。采用万用表测量电阻时注意以下事项：

- 首先将电源断开，再将与电阻连接的其他电阻或电容断开。
- 防止双手与电阻的两个端子、欧姆表的表棒金属部分接触。
- 由于万用表测量电阻时，电阻上有直流电流流过，所以需要考虑小功率的被测电阻所能承受的电压和电流，避免损坏小功率被测电阻。

② 电阻电桥法。对于测量精度要求很高时，可采用电阻电桥进行测量。

③ 伏安法。通过测量被测电阻两端的电压和流过的电流，根据 $R=U/I$ 计算出被测电阻的阻值。详细介绍参见实验 4.3。

（4）基尔霍夫定律

对于电路中某个元器件来说，元器件上的电压和电流关系服从欧姆定律。而对于整个电路来说，电路中的各个电流和电压服从基尔霍夫定律。

① 基尔霍夫电流定律（简称 KCL）。在任意时刻，流入到电路任一节点的电流总和等

于从该节点流出的电流总和。其实质是电流连续性的表现，运用这条定律时必须注意电流的方向。KCL 写成一般形式就是 $\sum I=0$。它与各支路连接的元器件无关。

② 基尔霍夫电压定律（简称 KVL）。在任意时刻，沿闭合回路所有支路电压降的总和等于 0。KVL 写成一般形式就是 $\sum U=0$。运用这条定律必须注意绕行回路的方向。

5．实验预习

（1）电压的测量有哪几种方法？
（2）电流的测量有哪几种方法？
（3）电阻的测量有哪几种方法？
（4）电压表和电流表在被测电路中是如何连接的？
（5）细述 KCL 和 KVL 定律。

6．课前检测

（1）选择电压表要考虑哪些因素？
（2）是否所有频率范围的电压都可以用万用表测量？
（3）指针式交流电压表测量是交流电压的_____（a. 平均值　b. 有效值　c. 最大值）。
（4）电流表应该与被测支路_____（a. 串联　b. 并联），电压表应该与被测支路_____（a. 串联　b. 并联）。
（5）工程上常用_____测量交流工频大电压，常用_____测量交流工频大电流。
（6）选用指针式仪表量程时，通常应使指针偏转 1/2 量程以上，这是为什么？
（7）将图 4-5 所示电路中直流电源改为交流电源，基尔霍夫定律还成立吗？_____（a. 是　b. 否）。
（8）将图 4-5 所示电路中 R_5 替换为二极管，基尔霍夫定律还成立吗？_____（a. 是 b. 否）。
（9）KCL 和 KVL 只适用于求解简单电路。这句话正确吗？_____（a. 错　b. 对）。
（10）细述万用表测量电阻时的注意事项。

7．课后思考

（1）已知某一待测电压为 18V，甲同学用万用表 200V 挡测量，乙同学用万用表 20V 挡测量。请问哪位同学的方法正确？说出可能出现的现象。
（2）用指针式电流表测量被测电流，所选择量程应使指针处于表盘的什么位置？
（3）电流测量插孔与电流测量线配套使用的好处是什么？
（4）采用万用表测量电阻时需注意哪些问题？
（5）在图 4-5 所示的电路中 A、B 两节点的电流方程是否相同？为什么？

实验 4.3　元器件的伏安特性测量

1．实验目的

（1）加深对元器件伏安特性概念的理解。

（2）掌握实验室测量元器件伏安特性的方法。掌握电源外特性的测试方法。

2．实验任务

（1）完成图 4-6 所示电路的 1kΩ 线性电阻伏安特性数据的测量，根据表 4-8 测量数据绘出伏安特性曲线。

表 4-8　线性电阻伏安特性测量数据

正向	U_R/V（实测值）	0	2	4	6	8	10
	I/mA（实测值）						
	$R_{平均}= U_R/I$						
反向	U_R/V（实测值）	0	−2	−4	−6	−8	−10
	I/mA（实测值）						
	$\|R_{平均}\| = U_R/I$						

（2）完成图 4-7 所示小灯泡伏安特性的测量，根据表 4-9 测量数据绘出伏安特性曲线。

表 4-9　小灯泡伏安特性测量数据

U_{R_L}/V	0	0.5	1	1.5	2	2.5	3	3.5	4	5	6	8	10	11
I/mA														

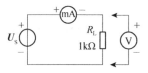

图 4-6　线性电阻伏安特性的测量

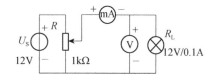

图 4-7　小灯泡伏安特性的测量

（3）完成图 4-8 所示 1N4735 稳压管的伏安特性的测量，根据表 4-10 测量数据绘出伏安特性曲线。

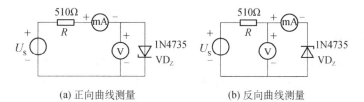

(a) 正向曲线测量　　　　(b) 反向曲线测量

图 4-8　1N4735 稳压管的伏安特性的测量

表 4-10　稳压二极管伏安特性测量数据

正向	V_{Z+}/V	0.20	0.50	0.55	0.60	0.65	0.70	0.74	0.75	0.76	0.80
	I/mA										
反向	$-V_{Z-}$/V	−0	−3	−4	−5	−5.5	−6	−6.1	−6.15	−6.2	−6.25
	$-I$/mA										

（4）完成图 4-9 所示实际电压源外特性测量，根据表 4-11 测量数据绘出其外特性曲线。

表 4-11 实际电压源外特性测量数据

R_L/Ω	0					4.7 kΩ	∞
I/mA（实测值）	I_{SC}						
U_L/V（实测值）							U_{OC}
I_{SC}	$I_{SC 理论}=$				相对误差计算：		
U_{OC}	$U_{OC 理论}=$				相对误差计算：		

（5）完成图 4-10 所示实际电流源外特性测量（参见表 4-11），并绘出其外特性曲线。

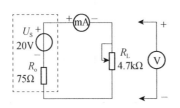
图 4-9 实际电压源外特性测量

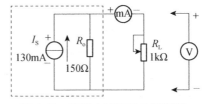
图 4-10 实际电流源外特性测量

（6）验证图 4-9 所示实际电压源等效变换条件的正确性，并画出它的等效电路图。

3．实验设备

电工技术实验装置 1 套，包含以下设备。

电压源（0.0～30V/1A）1 台；

电流源（0.0～200mA）1 台；

电位器（1kΩ/2W、4.7kΩ/2W）和十进制可调电阻（0～99999.9Ω/2W）各 1 套；

稳压二极管（1N4735/1N5920B）1 只；

小灯泡 12V/0.1A 1 只；

直流毫安表（0～2000mA）1 块；

数字万用表 1 台；

电阻若干；

细导线若干。

4．实验原理

元器件两端的电压 u 与通过该元器件的电流 i 之间的函数关系 $u=f(i)$ 或 $i=f(u)$，称为元器件的伏安特性。电源的端电压与输出电流之间的关系，称为电源的伏安特性，也称为电源的外特性。

（1）线性电阻元器件

当电阻的阻值随着两端的电压或通过它的电流变化时，其阻值不变，这种电阻称为线性电阻元器件，它的伏安特性如图 4-11（a）所示。它在 u-i 平面上是一条通过原点的直线，直线的斜率为该电阻值，与元器件电压、电流的大小和方向无关，所以线性电阻元器件是双向性元器件。

（2）非线性电阻元器件

灯泡在工作时灯丝处于高温状态，其灯丝电阻随着温度的改变而改变。电流越大、温度越高，对应的灯丝电阻也越大。一般灯泡的"冷电阻"与"热电阻"可相差几倍至十几倍。它的伏安特性如图 4-11（b）所示。

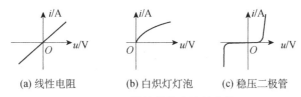

(a) 线性电阻　　　(b) 白炽灯灯泡　　　(c) 稳压二极管

图 4-11　元器件的伏安特性曲线

电阻的阻值随着两端的电压或随着通过的电流变化而变化的元器件称为非线性元器件。它在 u-i 平面上是一条曲线，如二极管、稳压二极管等。稳压二极管的伏安特性如图 4-11（c）所示。它的正向压降很小（一般锗管为 0.2～0.3V，硅管为 0.5～0.7V），正向电流随正向压降的升高而急骤上升。而反向电压开始增加时，其反向电流几乎为零，但当电压增加到某一数值（称为管子的稳压值）时，反向电流将突然剧增，以后它的端电压将维持恒定，不再随外加的反向电压的升高而增大。

注意：流过二极管或稳压二极管的电流不能超过管子的极限值，否则管子会被烧坏。

（3）电压源

内阻 $R_o=0$ 的电压源是理想电压源，其电压与输出电流的大小无关，它的外特性曲线如图 4-12（b）中虚线 a 所示。

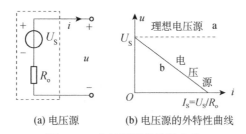

(a) 电压源　　　(b) 电压源的外特性曲线

图 4-12　电压源及外特性曲线

实际电压源可用一个理想电压源和一个内阻 R_o 相串联的电路符号来表示，如图 4-12（a）线框所示，它的外特性曲线如图 4-12（b）中曲线 b 所示。

（4）电流源

内阻 $R_o=\infty$ 的电流源是理想电流源，其电流与电源端电压的大小无关，它的外特性曲线如图 4-13（b）中虚线 a 所示。

实际电流源可用一个理想电流源和一个电阻 R_o 相并联的电路符号来表示，如图 4-13（a）线框所示，它的外特性曲线如图 4-13（b）中曲线 b 所示。

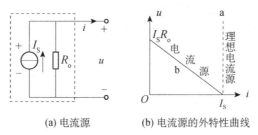

(a) 电流源　　　(b) 电流源的外特性曲线

图 4-13　电流源及外特性曲线

(5) 电压源与电流源之间的等效转换

实际电压源、电流源的伏安特性曲线是相同的，因此，图 4-12（a）和图 4-13（a）线框内电路相互间是等效的，可以等效变换。它们的等效变换的条件是：$I_s=U_s/R_0$ 或 $U_s=I_sR_0$。为了保持变换前、后输出端特性一致，进行变换后的 I_s（或 U_s）的正方向应当与变换前的 U_s（或 I_s）的正方向一致。

(6) 电流表外接法和内接法

由于实际直流电压表的内阻不是无限大、直流毫安表的内阻不为零，所以为减小测量带来一定的系统误差，对于测量阻值较大的电阻器，采用电流表内接法，反之电流表外接法适合于阻值较小的电阻器。请思考为什么图 4-8（a）与（b）电流表的接法不同。

5．实验预习

(1) 简单了解元器件的伏安特性，电源的外特性。
(2) 稳压二极管与普通二极管伏安特性有何区别？
(3) 实验任务（1）和实验任务（3）的伏安特性测试方法有什么不同？
(4) 实验中负载 $R_L=\infty$，是怎么实现的？
(5) 表 4-11 测试数据中，为什么要在 $R_L=0$ 对应的电流 I_{sc} 和 $R_L=4.7\text{k}\Omega$ 对应的电流值之间均匀地等差取值，而不是在 $R_L=0$ 和 $R_L=\infty$ 之间对应的电流值之间均匀地等差取值？

6．课前检测

(1) 调节直流电流源时，为什么先要用导线将其输出端短接？
(2) 直流电压源的输出端为什么不允许带电短路？
(3) 电流表外接法和电流表内接法的接线方式分别适合于测量阻值较大的电阻器还是阻值较小的电阻器？
(4) 在图 4-7 所示电路实验中，电压表、电流表都有数字显示，但小灯泡不亮，请说明原因。
(5) 完成图 4-7 所示电路实验后，为了求得灯泡在伏安特性曲线上某点的电阻，甲同学利用该点（U、I）的坐标，代入公式 $R=U/I$ 求得。乙同学做出该点的切线，求出切线的斜率 k，求得 R。正确的方法应该是_____（a. 甲　b. 乙）同学。
(6) 为避免管子被烧坏，做稳压二极管实验时，应注意什么？
(7) 做稳压二极管实验时，为什么表 4-10 中 6.0V 到 6.25V 之间数据取点较为密集？
(8) 为什么表 4-11 中不需要测试负载电阻的阻值？
(9) 请说出表 4-11 实验数据测量的步骤。
(10) 请说出当电流表超出量程发出报警后，电工实验装置解除报警的正常操作顺序。

7．课后思考

(1) 在实验室用伏安特性法测试稳压二极管正向伏安特性时，电流表应选择内接还是外接方式？它选择的测试点与线性电阻的测试点有什么不同？
(2) 用万用表不同的量程测量同一电压时，结果会一样吗？你在测量时应注意什么？
(3) 普通二极管与稳压二极管有何区别？
(4) 请说出你所知道的二极管应用的电路。

（5）实际电压源、电流源的等效变换的条件是什么？

实验 4.4　叠加定理

1．实验目的

（1）加深对叠加定理的理解。
（2）掌握实验室分析叠加定理的方法。

2．实验任务

（1）利用叠加定理求出图 4-14（a）所示电路中负载电阻 R_L 上的端电压 U_L 和电流 I_L，完成表 4-12 中数据的测量，验证叠加定理的正确性。

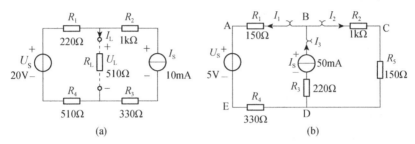

图 4-14　叠加定理实验电路测量

表 4-12　叠加定理测量数据（一）

条件 \ 测量值	U_L/V	I_L/mA
① U_S 单独作用		
② I_S 单独作用		
③ U_S 和 I_S 共同作用		
④ 验证计算：（①+②）		
对③与④进行误差计算		

（2）利用图 4-14（b）所示电路，完成表 4-13 中数据的测量，验证叠加定理的正确性。

表 4-13　叠加定理测量数据（二）

条件	U_{BA}/V	U_{BC}/V	U_{CD}/V	U_{ED}/V	U_{DB}/V	I_1/mA	I_2/mA	I_3/mA
① U_S 单独作用								
② I_S 单独作用								
③ U_S、I_S 共同作用								
④ 验证计算：（①+②）								
对③与④进行误差计算								

3．实验设备

电工技术实验装置 1 台；

电流测量线 1 副；
信号发生器 1 台；
数字万用表 1 台；
细导线若干。

4．实验原理

在线性电路中，当几个独立电源共同作用时，在任一条支路中产生的电压降或电流，等于各个独立电源单独作用时，在此支路中所产生的电压降或电流的代数和。

叠加定理说明了任何一个独立电源所产生的响应，不会因为其他电源的存在而受到影响。

当独立电源单独作用时，应将其他独立的电源不作用，则不作用的电压源可以用短路替代，电流源用开路替代。

电流测量插孔与电流测量线的测量法请参考实验 4.2。

5．实验预习

（1）了解叠加定理适用的条件。

（2）在叠加定理的应用时，对不作用的电源应如何处理？操作时直接将不作用的电压源和电流源的电源开关断开是否可行？

（3）电压源提供两路低压连续可调电压源的操作注意事项。

6．课前检测

（1）叠加定理适用的条件是什么？

（2）请列举叠加定理实验的注意事项。

（3）实验中电流表显示负数，可能是_____（a.电流表坏了 b.电流测量线接反了）。

（4）电流测量插孔在没有接入电流测量线时，其在电路中的作用相当于_____（a.一根导线 b.断开）。

（5）利用叠加定理理论计算图 4-14（a）所示电路中负载电阻 R_L 上的端电压 U_L 和电流 I_L。

（6）如果将图 4-14（b）所示电路中电压源 I_s 的极性接反，会有什么后果？

（7）在做如图 4-14（b）所示电路实验时，U_s 电源单独作用时，I_s 按_____（a.断开 b.短接）操作。

（8）某同学在完成表 4-13 数据的测量后，通过条件④验证计算，发现与条件③ U_s 和 I_s 共同作用的测试数据相差很大，请你分析一下可能造成误差的原因，并指出实验时的注意事项。

（9）在做如图 4-14 实验时，如果电流源用实验装置上的电流源，电压源通过信号发生器提供直流电，其结果会一样吗？试说明其原因。

（10）若将图 4-14（a）电路中 R_L 电阻换成二极管，应用叠加定理还适用吗？

7．课后思考

（1）在线性电路中，各支路的电压或电流可以运用叠加定理，为什么功率不能？请计算实验结果并说明原因。

（2）若将图 4-14（a）电路中 R_4 电阻换成二极管，是否还可应用叠加定理？为什么？

（3）若改变图 4-14（b）电路中 R_3 的大小，对测量结果有何影响？

（4）在图 4-14（b）电路中，在 C 和 D 之间串一个电压源，达到两个电压源作用的目的。那么两个电压源其中一个可用实验装置上的电压源，为什么另一个要用信号发生器提供直流电压？

戴维南等效电路的实验操作

戴维南定理研究

实验 4.5 戴维南与最大功率传输定理

戴维南原电路的实验操作

1．实验目的

（1）加深对戴维南定理的理解。
（2）掌握在实验室测试含源单口网络等效电路参数的方法。
（3）了解阻抗匹配及应用，掌握负载电阻从网络中获得最大传输功率的条件。
（4）了解电源输出功率与效率的关系。

2．实验任务

（1）完成图 4-15 所示含源单口网络负载伏安特性测量，记录在表 4-14 中。
（2）验证戴维南定理的正确性。完成图 4-15 所示 AB 含源单口网络的等效电路（见图 4-16）负载 R_L 伏安特性测量，记录在表 4-15 中。并在同一个坐标系中画出图 4-15 和图 4-16 电路的伏安特性曲线，指出误差产生的主要原因。

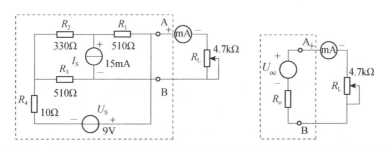

图 4-15　含源单口网络负载伏安特性测量　图 4-16　等效电路伏安特性测量

表 4-14　含源单口网络伏安特性测量

R_L/Ω	0				4.7 kΩ	∞
流过 R_L 电流 I_L/mA（实测值）	I_{sc}					
一端口网络 R_L 上电压 U_L/V（实测值）						U_{oc}
R_o/Ω	$R_{o\ 实测}=U_{oc}/I_{sc}=$____			$R_{o\ 理论}=$____		R_o 误差计算：____

表 4-15　等效电路伏安特性测量

R_L/Ω	0				4.7 kΩ	∞
流过 R_L 电流 I_L/mA（实测值）	I_{sc}					
等效电压源 R_L 上电压 U_L'/V（实测值）						
U_L'/V 与表 4-14 中 U_L/V 实测值绝对误差计算						

（3）利用图 4-15 所示电路验证最大功率传输定理，根据表 4-16 测试数据画出输出功率随负载变化的曲线，找出传输最大功率的条件。

表 4-16　负载与功率关系测试表

R_L/Ω					R_o				
I/mA（实测值）									
P_L/mW					$P_{L\max}$				
$\eta/\%$									

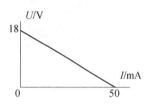

图 4-17　含源单口网络伏安特性曲线

（4）根据图 4-17 所示的含源单口网络伏安特性曲线设计一个等效电压源（标明相应参数），并通过实验进行验证。

3．实验设备

电工技术实验装置 1 台；
数字万用表 1 台；
细导线若干。

电工台直流仪表介绍

4．实验原理

（1）戴维南定理

任何一个线性含源单口网络可以用一个等效电压源和等效电阻串联的等效电路来代替。该电压源的电动势等于该含源单口网络的开路电压 U_{oc}，其等效内阻 R_o 等于该含源单口网络中各电源均为零时的无源单口网络的输入端电阻。

验证戴维南定理的思路是用实验方法先找出等效电路的参数，然后分别测量出含源单口网络和它的等效电路的伏安特性，在同一个坐标系里对比两个伏安特性曲线，即可得到验证结果。

（2）实验室测量含源单口网络等效内阻 R_o 的方法

① 欧姆表法。将含源单口网络中各电源置零后直接用万用表电阻挡测出等效内阻。

② 开路短路法。直接测量含源单口网络的开路电压 U_{oc} 和短路电流 I_{sc}，则等效内阻为 $R_o=U_{oc}/I_{sc}$。此法适用于等效内阻较大且短路电流不超过额定值的情况。

③ 半电压法。用电压表测出含源单口网络的开路电压 U_{oc}，然后在其两端加一个可调电阻，在电阻两端并联电压表。调节电阻，使得电压表显示为开路电压的一半时，则该可调电阻的阻值即为被测含源单口网络的等效内阻。此法适用范围同开路短路法。

④ 伏安法。用电压表、电流表测出含源单口网络的伏安特性曲线上两个点（I_1，U_1）和（I_2，U_2），然后求出斜率 k，则等效内阻 $R_o=|k|=(U_1-U_2)/(I_1-I_2)$。

（3）最大功率传输定理

线性含源单口网络的端口外接负载电阻 R_L 如图 4-15 所示，当负载 $R_L=R_o$（等效内阻）时，负载电阻可从网络中获得最大功率，且最大功率 $P_{L\max}=U_{oc}^2/4R_o$。$R_L=R_o$ 称为阻抗匹配。

负载得到最大功率时电路的效率：$\eta=P_L/U_S I=50\%$。

（4）匹配电路的特点及应用

在电路处于"匹配"状态时，电源本身要消耗一半的功率，此时电源的效率只有 50%。显然，这在电力系统的能量传输过程中是绝对不允许的。发电机的内阻是很小的，电路传输的最主要指标是高效率送电，最好将 100%的功率均传送给负载。为此负载电阻应远大于电源的内阻，即不允许运行在匹配状态。但在电子技术领域却完全不同，一般的信号源本身功率较小，且有较大的内阻。而负载电阻（如扬声器等）往往有较小的定值，且希望能从电源获得最大的功率输出，而电源的效率往往不予考虑。通常设法改变负载电阻，或者在信号源与负载之间加阻抗变换器（如音频功放的输出级与扬声器之间的输出变压器），使电路处于工作匹配状态，以使负载获得最大的输出功率。

5．实验预习

（1）了解戴维南定理适用的条件。

（2）如何用实验方法验证两个电路是否等效？

（3）在求等效内阻 R_0 时，如果电路中含有受控源，应怎样处理？

（4）熟悉最大功率传输定理。了解负载获得最大功率的条件。

6．课前检测

（1）请列举叠加定理实验与戴维南定理实验的注意事项的相同之处和不同之处。

（2）戴维南定理适用于_____（a．一切含源单口网络　b．线性含源单口网络）。

（3）戴维南等效电压源的外特性_____（a．与外接负载　b．只与原有的含源单口网络　c．两个都）有关。

（4）用"开路短路法"测量等效内阻 R_0 时，它的适用条件是什么？

（5）理论计算图 4-15 所示电路的开路电压 U_{oc} 和电源均为零时的无源单口网络的输入端电阻。

（6）在图 4-16 所示电路中的等效电压源 U_{oc} 的电压值应为_____（a．R_L=4.7kΩ 时的端口开路电压　b．R_L=4.7kΩ 时对应的电压　c．U_{oc}=9V）。

（7）如果在图 4-15 所示电路的 4.7kΩ 电位器上并联一个 1kΩ 电阻，它们共同作为负载，其他保持不变，其对实验结果有何影响？

（8）如图 4-18 所示电位器 R_L 应取_____（a．R_L=2kΩ　b．R_L=4kΩ　c．R_L=5kΩ），它才能从电路中获取最大功率？

（9）如图 4-18 所示电位器 R_L 从电路中获取最大功率是_____（a．P=8×10^{-3} W　b．P=16×10^{-3} W　c．P=4×10^{-3} W）。

（10）做如图 4-19 所示实验时，控制开关 S 断开时，电压表的读数为 20V，当开关 S 闭合时，电流表的读数为 2A，试求出等效电压源。

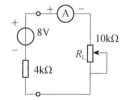

图 4-18　最大功率传输定理应用

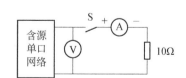

图 4-19　等效电压源测量

7．课后思考

（1）做如图 4-20 所示电路实验时，当开关 S 处于位置 1 时，电流表 A_1 的读数为 0.1A，当开关 S 处于位置 2 时，电压表 V 的读数为 50V，求出含源单口网络的等效电压源，并估算当开关 S 处于位置 3 时，电流表 A_2 的读数。

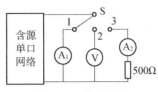

图 4-20　电路测量

（2）某同学说戴维南定理等效电压源的外特性与外接负载电阻大小有关。这句话对吗？

（3）根据最大功率传输定理：当负载等于等效内阻时，负载电阻可从网络中获得最大功率。那么如果负载不变，等效内阻可改变，请问什么时候负载电阻可获得最大功率呢？

（4）电源电压值的变化对最大功率传输的条件有影响吗？

（5）如果将戴维南定理的等效电压源进一步等效为电流源与电阻并联电路，那么最大功率计算公式（$P_{Lmax}=U_{oc}^2/4R_o$）应做何改动？

（6）在求等效内阻 R_o 时，如果电路中含有受控源，应该怎样处理？

（7）电力系统进行电能传输时，为什么不能工作在匹配工作状态？

实验 4.6　单相交流 RLC 电路

1．实验目的

（1）验证交流电路中电阻、电感和电容元器件端电压与电流之间的相位关系。
（2）了解交流电路中电阻、感抗、容抗与频率之间的关系。
（3）掌握电工技术实验装置上交流电工仪表的使用方法。
（4）掌握数字交流毫伏表的使用方法。

2．实验任务

（1）完成图 4-21 所示电路的元器件上的电压波形与流过它们的电流波形及相位测量（电源电压 U_S=4V），并记录其波形及电压与电流的相位角度。根据表 4-17 的测试数据，画出 $R=f(f)$、$X_L=f(f)$、$X_C=f(f)$ 的阻抗频率特性曲线。

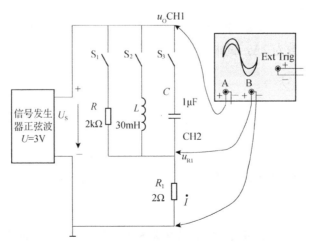

图 4-21　测量元器件的相位关系电路

表4-17 R、L、C元器件的阻抗频率特性测量

	f/kHz	1	2	5	10	15	20
电流	U_{R1}/V						
	计算 $I=(U_{R1}/R1)$ /mA						
电阻 R/kΩ	U_R/V						
	计算 $R=(U_R/I)$ /kΩ						
电感 X_L/kΩ	U_L/V						
	计算 $X_L=(U_L/I)$ /kΩ						
电容 X_C/kΩ	U_C/V						
	$X_C=(U_C/I)$ /kΩ						

（2）如图4-22所示为 RC 并联电路，电源电压 U_S 的有效值为80V，频率为50Hz。完成表4-18中数据的测量。画出电流相量图。

表4-18 RC 并联电路测量

U_S/V	I_C/A	I_R/A	I/A

（3）完成图4-23所示 RL 串联电路测量（电源电压 U_S 的有效值为20V，频率为50Hz）。画出电压相量图。根据图4-23求出电感线圈的等效参数 R_L、L 的值。

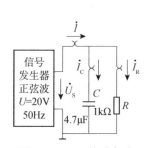

图4-22 RC 并联电路

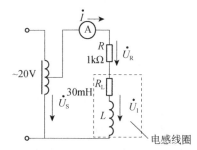

图4-23 RL 串联电路

3．实验设备

电工技术实验装置1台；
数字万用表1台；
函数信号发生器1台；
数字示波器1台；
数字交流毫伏表1台；
粗、细导线若干。

4．实验原理

（1）正弦量的三要素

一个正弦量具有幅值、频率及初相位三个要素，工程中常用有效值来计量。电压有效值 U 与幅值 U_P 之间关系满足 $U=U_P/\sqrt{2}$。

单相正弦交流电路中的任一回路满足 $\Sigma u=0$，$\Sigma i=0$。

（2）元器件的阻抗与正弦交流信号的频率关系

① 在电力系统中，频率一般是固定的，电感元器件的感抗 X_L 和电容元器件的容抗 X_C 有一确定值。但在电子技术和控制系统中，经常要研究在不同的频率下电路的工作情况。当保持电源电压或电流的幅值不变而改变它们的频率时，容抗和感抗值随之改变，从而得到阻抗频率特性曲线。

② 在测量频率特性时，通常利用采样电阻测量电流，如图 4-21 所示 R_1 采样电阻选用 2Ω 电阻，因其相对于待测元器件 R、L、C 阻抗较小，使得 u_{R1} 远远小于 u_o，因而减小了采样电阻对测试的影响。电路的电流有效值为 u_{R1}/R_1。测量电压时，由于正弦信号频率不断升高，因此应采用数字交流毫伏表。

③ 电阻元器件的频率特性。在频率较低的情况下，电阻元器件通常可以忽略其电感 L_R 和分布电容 C_R 的影响，可看做纯电阻。电阻端电压和电流可看作同相，$\dot{U}_R = R\dot{I}$，它的阻抗频率特性曲线如图 4-24 所示。

④ 电容元器件的频率特性。电容元器件在频率较高时，由于引线、接头、高频趋肤效应等产生的损耗电阻 R_C，以及电流作用下因磁通引起的电感 L_C 的影响，可看做由电容 C 与电感 L_C、电阻 R_C 串联；在频率较低时，可忽略附加电感 L_C、电阻 R_C 及介质损耗电阻 R_j 的影响，可看做理想电容 C，电容端电压滞后电流 $90°$，$\dot{U}_C = (-j/\omega C)\dot{I}$，它的容抗频率特性曲线 $X_C = f(f)$，如图 4-24 所示。

⑤ 电感元器件的频率特性。因为电感元器件是由导线绕制而成，故导线的电阻不可忽略。电感元器件接直流电源并达到稳态时，可看做电阻 R_L；在频率较高时，存在分布电容 C_L 的影响，可看做由电感 L 与电阻 R_L 串联后，再与分布电容 C_L 并联；在频率较低时，分布电容的影响可忽略，可看做由电感 L 与电阻 R_L 串联，其模型如图 4-23 线框所示。$\dot{U}_1 = (R_L + j\omega L)\dot{I} = |Z|\angle\varphi' \cdot \dot{I}$，电压超前电流 $\dot{I}$ 的相位为 φ'，如果 R_L 可忽略，则 $\varphi' = 90°$。它的感抗频率特性曲线 $X_L = f(f)$ 如图 4-24 所示。

（3）电感线圈等效参数 R_L、L 值计算

通过实验测得相关数据，得到相量图或解析式，并求出等效参数 R_L、L 的值，方法如下。

① 相量图计算法。图 4-25 为图 4-23（RL 串联电路）的相量图。根据图 4-25，由余弦定理求得 φ'，再根据下式可求得 R_L、L：

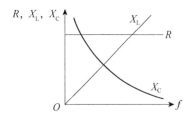

图 4-24 阻抗频率特性曲线

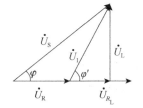

图 4-25 RL 串联电路相量图

$$U_{R_L} = U_1 \times \cos\varphi'，则 R_L = \frac{U_{R_L}}{I} \tag{4-1}$$

$$U_L = U_1 \times \sin\varphi, \quad \text{则 } L = \frac{U_L}{I\omega} \tag{4-2}$$

或由余弦定理求得 φ，再根据下式可求得 R_L、L：

$$U_{R_L} = U_S \times \cos\varphi - U_R, \quad \text{则 } R_L = \frac{U_{R_L}}{I} \tag{4-3}$$

$$U_L = U_S \times \sin\varphi, \quad \text{则 } L = \frac{U_L}{I\omega} \tag{4-4}$$

② 解析计算法。

$$Z = \frac{U_S}{I} = \sqrt{(R+R_L)^2 + (\omega L)^2} \tag{4-5}$$

$$|Z_1| = \frac{U_1}{I} = \sqrt{R_L^2 + (\omega L)^2} \tag{4-6}$$

求式（4-5）和式（4-6）联立的方程的解，即可求出等效参数 R_L、L 的值。

5．实验预习

（1）什么是正弦量的三要素？它有哪几种表示形式？
（2）了解正弦交流量的有效值与峰值、峰峰值之间的关系以及频率与周期的关系。
（3）了解不同性质的阻抗上电压与电流的相位关系。
（4）了解电阻、感抗、容抗与频率的关系。
（5）了解图 4-21 中采样电阻的作用。

6．课前检测

（1）在直流电路中，纯电感可看做____（a. 开路 b. 短路），理想电容可看做____（a. 开路 b. 短路）。
（2）在交流电路中，纯电容的端电压____（a. 超前于 b. 滞后于）流过它的电流 90°。
（3）某同学用万用表交流挡完成表 4-17 中数据测量，请分析实验结果误差原因。
（4）在实验任务（1）的接线时，为什么要将信号发生器、示波器和数字交流毫伏表的接地端连接在一起，即做到"共地"？不"共地"对测量结果有什么影响？
（5）测量图 4-21 中电感线圈的两端电压和流过的电流波形时，它们之间的夹角是 90° 吗？____（a. 是 b. 不是）
（6）测量图 4-21 所示电路的阻抗频率特性曲线时，可否把 2Ω 小电阻换成小电容？____（a. 可以 b. 不可以）
（7）在表 4-17 的实验数据中，测得部分电压大于电源电压 3V，为什么？
（8）在图 4-22 所示 RC 并联交流电路中，支路电流如果大于总电流是否正确？为什么？
（9）请说出完成图 4-23 所示 RL 串联电路实验测试后，最后关机操作顺序是怎样的？
（10）有一密封盒里装有单一的 R、L、C 元件，并在盒面上分别装有它们的引出端钮，请写出区分它们的测试方法。

7．课后思考

（1）为什么图 4-23 所示电路中的电压有效值之和不满足关系式 $U = U_R + U_1$？

（2）实际电感线圈上的交流电压与电流之间的相位差是否等于 90°？为什么？

（3）对于含有多个电阻的正弦交流电路，电路消耗的总功率与电路各电阻消耗的功率具有何种关系？

（4）某同学根据实验电路的电阻阻值要求，在实验装置上任意选择与其阻值相同的电阻接线，但在操作中却损坏了电阻，请分析造成损坏的原因可能有哪些？

（5）在图 4-22 所示的电容支路中串联一个电阻，这时的总电流 I 是否满足 $I = \sqrt{I_C^2 + I_R^2}$？

（6）如果在图 4-23 所示电路的基础上，增加一个功率表，你能用不同于本节所述方法，算出等效参数 R_L、L 的值吗？

实验 4.7 日光灯电路与功率因数的提高

功率表介绍

电工台交流仪表介绍

1．实验目的

（1）熟悉日光灯的接线方法。

（2）掌握在感性负载上并联电容器以提高电路功率因数的原理。

（3）学习单相交流功率表的使用方法。

2．实验任务

（1）图 4-26 所示为日光灯实验电路图（日光灯灯管额定电压为 220V，额定功率为 30W），完成表 4-19 的测量与记录，根据表 4-19 测试数据画出电路的总功率因数与电容的关系 $\cos\theta' = f(C)$ 曲线，得出实验结论。

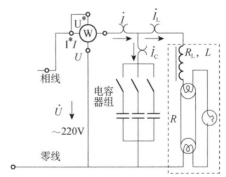

图 4-26　日光灯实验电路

表 4-19　提高感性负载电路的功率因数测试

$C/\mu F$	U/V	U_R/V	U_L/V	I/A	I_L/A	I_C/A	P/W	$\cos\theta'$	电路性质
0	220								
1									
2.2									
3.2									
								最大 $\cos\theta'=$	
4.14									

（续表）

$C/\mu F$	U/V	U_R/V	U_L/V	I/A	I_L/A	I_C/A	P/W	$\cos\theta'$	电路性质
4.7									
5.14									
6.9									
7.9									
8.9									
9.4									
10.4									

（2）分别定量画出电路的电压及电流的相量图。完成镇流器的等效参数 R_L、L 的计算。

（3）通过并联最佳电容器后使得总功率因数达到最大，保持此时的电源电压 U=220V 不变，在电容器组两端并入 20W 灯泡。通过并入灯泡的个数，使得总电流 I 与无并联电容时的总电流 I 值大致相同，记录此时 I、I_C、I_L、P 及流入灯泡的电流值，并得出相关实验结论。

3．实验设备

电工技术实验装置 1 套；
电流测量线 1 副；
数字万用表 1 台；
单相智能型数字功率表 1 台；
粗导线若干。

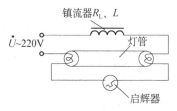

荧光灯电路实验操作　　荧光灯电路与功率因素的提高

4．实验原理

（1）日光灯电路组成

日光灯电路：主要有灯管、启辉器和镇流器组成。日光灯电路原理如图 4-27 所示。

启辉器：它由一个辉光管和一个小容量的电容、固定电极和可动电极组成，它们被装在一个充有氖气的玻璃泡内。启辉器在电路启动过程中的作用是使电路自动接通和断开，相当于一个点动开关。

图 4-27　日光灯电路原理图

灯管：它是一根内壁均匀涂有荧光物质的、真空的、充有惰性气体及少量水银的玻璃管，管两端装有灯丝电极，用以发射电子。为了避免过电流损坏灯管，在两个灯丝端分别串联过流保护熔断器。所以接线前要先用万用表的二极管挡判断一下熔断器导通情况。

镇流器：它是一个带有铁芯的电感线圈（它的等效参数为 R_L、L）。在启动时产生瞬间高电压，促使灯管产生辉光放电，点亮日光灯。镇流器对灯管起分压和限流作用。

（2）日光灯工作原理

接通电源时，电源电压全部加在启辉器两个电极上，使辉光管产生辉光放电，使两电极接触，灯管灯丝、启辉器、镇流器构成回路。接触后两电极不存在电压，辉光放电停止，电压的自感电压，与电源电压串联后加在灯管两端，使灯管内的惰性气体电离而引起弧光放电，激励内壁上的荧光粉发出可见光。

日光灯点亮后，灯光两端电压较低，启辉器不再起作用，日光灯可近似看成由电阻 R、与镇流器等效参数 R_L、L 相串联的电路，电源电压按比例分配。镇流器等效参数 R_L、L 计算方法请参考实验 4.6。

当日光灯正常工作后设日光灯电路两端电压 $\dot{U}$ 的相位超前于日光灯电路电流 $\dot{I}_L$ 相位 θ，则日光灯电路的功率因数为 $\cos\theta$。其相量图如图 4-28 所示。

（3）交流电路的功率

电路的有功功率 $P=UI\cos\theta$，它表明了网络实际吸收能量的大小。功率因数越接近 1，吸收的有功功率就越大。有功功率是由电阻元器件消耗的。

无功功率 $Q=UI\sin\theta$，表示电感或电容元器件与电源进行能量互换的规模。

视在功率 $S=UI=\sqrt{P^2+Q^2}$，表示电源设备的容量。并联电容前、后的功率关系如图 4-29 所示。

功率因数 $\cos\theta=P/S$，表示用电器的容量利用的程度。

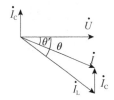

图 4-28 提高电路功率因数的相量图　　　图 4-29 并联电容前、后的功率关系

$\dot{U}$—电源电压；$\dot{I}$—补偿后电路总电流；$\dot{I}_L$—日光灯支路电流；$\dot{I}_C$—电容支路电流；θ—补偿前电路的电压与总电流间相位角；θ'—补偿后电路的电压与总电流间相位角

Q、Q'—补偿前、后电路的无功功率；
S、S'—补偿前、后电路的视在功率；
Q_C—电容的无功功率；P—电路的有功功率

（4）提高功率因数的目的

电力系统中的负载多数是感性负载。如日光灯就是感性负载，其功率因数一般在 0.6 以下。为了减少电能浪费，提高电源的传输效率和利用率，须提高电源的功率因数。提高感性负载功率因数的方法之一，就是在感性负载两端并联适当的补偿电容，以供给感性负载所需的部分无功功率。并联电容器后，电路两端的电压 $\dot{U}$ 与总电流（$\dot{I}=\dot{I}_L+\dot{I}_C$）的相位差为 θ'，相应的相量图如图 4-28 所示。由图 4-28 可见，补偿后的 $\cos\theta'>\cos\theta$，即功率因数得到了提高。同样，从图 4-29 可见，补偿后电路的无功功率由 Q 变为 Q'（$Q'=Q-Q_C$），则 $S'<S$，即 $\cos\theta'>\cos\theta$，功率因数得到了提高。

由图 4-28 可得

$$I_C=I_L\sin\theta-I\sin\theta'=\left(\frac{P}{U\cos\theta}\right)\sin\theta-\left(\frac{P}{U\cos\theta'}\right)\sin\theta'=\frac{P}{U}(\tan\theta-\tan\theta')$$

又因

$$I_C=\frac{U}{X_C}=U\omega C$$

所以

$$U\omega C = \frac{P}{U}(\tan\theta - \tan\theta')$$

由此得出补偿电容 C 的大小的计算公式

$$C = \frac{P}{\omega U^2}(\tan\theta - \tan\theta') \tag{4-7}$$

式中，U 为电源电压，P 为有功功率，单位是 W；ω 为电角度，单位是 rad/s，$\omega=2\pi f$（f=50Hz），θ、θ' 为补偿前、后电路的电压与总电流间相位差角。

（5）功率因数小于 1

在日光灯实验中，由于灯管内的气体放电电流不是正弦波，且在一个周期内形成不连续的两次放电。所测量的有功功率应是 50Hz 基波电流与同频率的电源电压的乘积。所以在正弦波的电压与非正弦波的电流的电路中，因高次谐波电流的存在，功率因数只能小于 1，而不能达到 1。所以要利用式（4-7）来计算理论上 $\cos\theta'$=1 时所对应的补偿电容值。

（6）过补偿现象

从图 4-28 看出，随着并联电容不断地增大，电容电流 I_C 也随之增大，使得|θ'|逐渐变小，过零后，θ' 又逐渐变大，此后继续增大电容，功率因数反而下降，此现象就称为过补偿。在过补偿的情况下，系统由感性转变为容性，出现容性的无功电流，不仅达不到补偿的预期效果，反而会使配电线路各项损耗增加，在工程应用中，应避免过补偿。

（7）日光灯实际接线

电感式镇流器日光灯实际接线如图 4-30 所示。由于实验是强电实验，应严格遵守电器操作规则，并做到先接线、后通电，先断电、后拆线的操作顺序，务必注意用电和人身安全。每一次实验电路测试完毕后，在三相自耦调压器调至零的前提下方可断开电源开关，然后进行拆线。

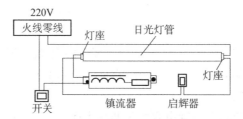

图 4-30　电感式镇流器日光灯实际接线图

（8）单相交流功率表的说明（以下简称功率表）

电路中的功率与电压和电流的乘积有关，因此功率表必须有两个线圈，一个是电流线圈用于获取电流，另一个是电压线圈用于获取电压，它们分别通过 4 个接线端子引出，如图 4-31 所示。为了保证两个线圈的电流流入（或流出）方向一致，对于电流流进的接线端钮，功率表面板上均已标注 "U" "I" 或 "U*" "I*"，称为同名端。测有功功率时，应使电流线圈和电压线圈的同名端接到电源同一极性的端钮上，并且按电流线圈串联在待测支路

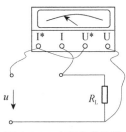

图 4-31 功率表的连接

中，电压线圈并联在待测支路上的原则接线，如图 4-31 所示。为保护功率表，在电流线圈中串联过流保护熔断器。所以接线前要先用万用表的二极管挡判断一下电流线圈中的熔断器的导通情况。

5．实验预习

（1）了解日光灯电路的工作原理。

（2）了解日光灯电路的性质是阻性、感性的还是容性的，镇流器的性质。

（3）为什么要提高电路的功率因数？

（4）怎样根据实测值来计算当 $\cos\theta=1$ 时，对应的补偿电容 C 的值？

6．课前检测

（1）请列举日光灯实验的注意事项。

（2）在图 4-26 所示电路中，如果忽略电网电压波动，当改变电容时，功率表的读数和日光灯支路的电流 I_L 是否变化？请分别说明原因。

（3）日光灯电源电压 220V 是从_____（a. 相线和中性线 b. 相线和相线）引出的。与日光灯管发生并联关系的是_____（a. 镇流器 b.启辉器）。

（4）启辉器在断开瞬间点亮日光灯，还是闭合瞬间点亮日光灯？

（5）镇流器在启动过程中起何作用？在正常工作时又起何作用？

（6）交流电路的功率有几种？它们的意义分别是什么？

（7）功率表的电流线圈是_____（a. 串联 b. 并联）在待测回路中，电压线圈是_____（a. 串联 b. 并联）在待测回路。

（8）在日光灯电路实验中，功率表所测的功率为_____（a. 视在功率 b. 无功功率 c. 有功功率）。在表 4-19 中，功率表的读数随着电容 C 不断增大而_____（a. 先大后小 b. 不变 c. 逐渐增大）。

（9）下列说法中不正确的是：_____（a. 提高功率因数，能提高电源的传输效率和利用率 b. 在感性负载两端并联电容后，电路的有功功率不变 c.在感性负载两端并联电容后，电路的无功功率不变）。

（10）功率因数的读数随着并联电容的不断增大而_____（a. 逐渐增大 b. 不变 c. 先大后小）。

7．课后思考

（1）在图 4-27 所示电路中，如果电路不接镇流器，直接将 220V 电压接在日光灯灯管上，试说出实验的现象，并分析原因。

（2）当启辉器坏了，暂时没有启辉器，可以用一个什么样的开关来代替？应如何连接？请详细说出操作过程和现象。

（3）某同学用式子 $X_L=U_L/I_L$ 来计算镇流器的感抗是否正确？为什么？

（4）并联电容器会提高电路的总功率因数，而日光灯本身的功率因数是否也改变？为什么？

（5）补偿电容值是否越大越好？为什么？补偿电容除有容量的要求外，还有什么其他要求？

（6）某同学直接将补偿电容并联在灯管 R 两端，用来提高电路的功率因数。试说出实验现象，并分析原因。

（7）给感性负载串联适当容量的电容值也能改变总电压与电流的相位差，从而提高电路的功率因数，但一般不采用这种方法，为什么？

（8）如果智能型数字功率表坏了，且只有一只电流表，如何判断功率因数的增减？如何得到表 4-19 中电路总功率因数最大时所并联的电容值？

实验 4.8　一阶 RC 电路暂态过程的研究

一阶 RC 充放电
实验操作

1．实验目的

（1）掌握用示波器观察 RC 电路充、放电曲线，学习电路时间常数 τ 的测量方法。

（2）了解电路参数对时间常数的影响。

（3）研究 RC 微分电路和积分电路在脉冲信号激励下的响应。

（4）进一步提高使用示波器和函数信号发生器的能力。

2．实验任务

（1）用示波器观察图 4-32 所示一阶 RC 充、放电电路。画出充、放电曲线，求出放电时间常数 τ。

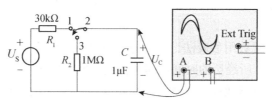

图 4-32　一阶 RC 充、放电电路

（2）设计时间常数 τ 为 1ms 的 RC 微分电路，要求：

① 计算电路参数、画出电路图。

② 保持电路时间常数 τ 不变，改变信号发生器输出方波的周期 T，记录 T 分别为 $T=\tau=1\text{ms}$、$T=10\tau=10\text{ms}$ 和 $T=0.1\tau=0.1\text{ms}$ 时电路的输入、输出波形，并得出电路输出微分波形的条件。

（3）设计时间常数 τ 为 1ms 的 RC 积分电路，要求：

① 计算电路参数、画出电路图。

② 保持电路时间常数 τ 不变，改变信号发生器输出方波的周期 T，记录 T 分别为 $T=\tau=1\text{ms}$、$T=10\tau=10\text{ms}$ 和 $T=0.1\tau=0.1\text{ms}$ 时电路的输入、输出波形，并得出电路输出积分波形的条件。

3．实验设备

电工技术实验装置 1 台或数字电路实验箱 1 台；

数字示波器 1 台；
函数信号发生器 1 台。

一阶 RC 暂态
实验理论

积分微分电路
的实验操作

4．实验原理

（1）电路的过渡过程

在含有电感、电容储能元器件的电路中，由于电路结构、参数或电源电压发生突变，在经历一定时间后达到新的稳态，这个过程被称为过渡过程或暂态过程。

（2）时间常数 τ

它是电路过渡过程快慢的决定因素，电路过渡过程的快慢取决于电路的结构和参数。对于一阶 RC 暂态电路，如图 4-33 所示，其时间常数为 $\tau_充$（$\tau=R_1·C$），其值越大，过渡过程就越长，相应的曲线变化就越慢。如图 4-34 所示定量地反映了一阶电路在直流激励下时间常数与电路过渡过程的关系。当开关打向 1 位置时的电容充电波形，如图 4-34（a）所示。当开关打向 3 位置时电容的放电波形，如图 4-34（b）所示。

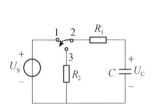

图 4-33　一阶 RC 暂态电路

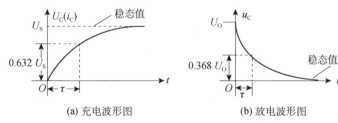

图 4-34　一阶 RC 暂态电路时间常数与电路过渡过程的关系

（3）时间常数 τ 的测量方法

利用电容充电（或放电）过程测量一阶 RC 暂态电路时间常数 τ（$\tau=RC$）的实验方法如下：

方法一，充电时间常数用秒表法记录，电容充电开始到充电电压或电流上升为其稳态值 U_S（I_S）的 0.632 倍时所经历的时间，即可得到时间常数 τ，如图 4-34（a）所示；或记录电容放电开始到放电电压或电流下降为其初始值 U_S（I_S）的 0.368 倍时所经历的时间，即可得到时间常数 τ，如图 4-34（b）所示。

方法二，如果 U_S=10V，读出示波器开始放电曲线的坐标（T_1，10V）和放电到 3.68V 所对应的坐标（T_2，3.68V），然后计算 $\Delta t=T_2-T_1$，得到时间常数 τ。

（4）微分电路

RC 串联电路，从电阻端输出。当时间常数 $\tau \ll T/2$（T 为输入方波信号 U_S 的周期）时，电路为微分电路，如图 4-35（a）所示，其输出 $U_R \approx RC\dfrac{dU_S}{dt}$，输出波形 u_R 为尖脉冲，如图 4-36（b）所示。实际应用时常用微分电路来获得定时触发信号。

（5）积分电路

RC 串联电路，从电容端输出，如图 4-35（b）所示。当满足 $\tau=RC \gg T/2$ 时（T 为输入方波信号 u_S 的周期），电路为积分电路。其输出 $u_C \approx \dfrac{1}{RC}\int u_S dt$，其输出波形 u_C 近似为三角波，如图 4-36（c）所示。实际应用时常用积分电路将方波转变成三角波。

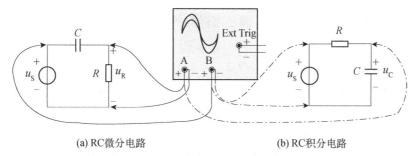

(a) RC微分电路　　　　　　　　(b) RC积分电路

图 4-35　RC 微分电路和 RC 积分电路

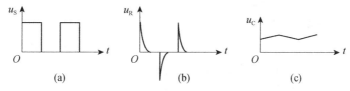

图 4-36　微分与积分波形

5．实验预习

（1）复习一阶电路过渡过程的有关知识。

（2）熟悉电路时间常数 τ 的物理意义。

（3）RC 微分电路和积分电路的电路必须具备什么条件？试推导其输出表达式。

（4）用示波器观察 RC 充、放电曲线时，示波器耦合方式放至"直流"挡，并把该通道的倍率调制×10，同时探棒衰减放置×10；示波器的水平扫描速率调至 1s/div；示波器的扫描起点调至屏幕最左端。

（5）在观察 RC 积分电路和微分电路输入、输出电压波形时，应将示波器两个通道的扫描基线的位置和电压衰减旋钮位置调为一致；示波器两个通道的耦合方式放置"DC"挡；示波器两个通道零电位基线调至重合。

（6）为防止外界的干扰，信号发生器的接地端与示波器的接地端一定要和电路的接地端相连（称共地）。

（7）请仔细阅读第 2 章第 2.8 节光标测量键（Cursor）的使用。

（8）了解单刀双掷开关的使用方法。

6．课前检测

（1）已知 RC 一阶电路 $R=10\mathrm{k}\Omega$，$C=0.1\mathrm{\mu F}$，时间常数 τ 为多少？（　　　）

　① 1ms　　　　　　　② 0.7ms　　　　　　　③ 1.1ms

（2）在 RC 串联电路中，当外加电源周期为 T 的方波时，满足怎样的条件，电容上的电压波形近似为三角波。（　　）

　① $\tau=T$　　　　　　　② $\tau \ll T/2$　　　　　　　③ $\tau \gg T/2$

（3）对于 RC 串联的电路，当外加电源周期为 T 的方波时，满足怎样的参数条件，电阻电压波形近似为方波。（　　）

　① $\tau=T$　　　　　　　② $\tau \ll T/2$　　　　　　　③ $\tau \gg T/2$

（4）在 RC 串联电路方波激励中，满足怎样的条件，电阻上的电压波形近似为尖脉冲？（　　）

① $\tau = T$　　　　　　　② $\tau \ll T/2$　　　　　　　③ $\tau \gg T/2$

（5）为什么用示波器观察 RC 电路充放电时，示波器的探棒衰减放置×10？（　　）

① 测量方便　　　　　　② 提高精度　　　　　　③ 提高带负载能力

（6）为什么用示波器观察 RC 电路充放电时，示波器扫描起点调至最左端？

① 读数方便　　　　　　② 能读到完整的 τ　　　　　　③ 测量误差大

（7）如图 4-32 所示，本实验测量 τ 时，为什么用示波器观察 RC 电路放电时，示波器水平扫描速率调至 1s/div？（　　）

① 扫描速率需要快　　　② 扫描速率需要慢　　　③ 测量误差小

（8）RC 微分和 RC 积分电路分别从哪两端输出？（　　）

① 都是从电阻两端输出　　② 都是从电容两端输

③ RC 微分电路是从电阻两端输出，RC 积分电路是从电容两端输出

（9）用实验方法可以测量一阶 RC 电路的放电时间常数 τ，利用测量电容放电过程的电压（或电流），记录下降到最大值的（　　）倍的时间即为电路的时间常数 τ？

① 0.618　　　　　　　② 0.632　　　　　　　③ 0.368

（10）观察积分电路波形时，其中电容的一端与电阻连接，另一端必须与（　　）？

① 信号源的正极相连接　　② 信号源的接地相连接　　③ 无要求

7．课后思考

（1）如果图 4-32 所示电路的电容上存在初始电压，能否出现没有过渡过程的现象？为什么？

（2）在用示波器观察图 4-32 的 u_C 波形时，为什么充电时间很短，而放电时间却很长呢？

（3）改变激励源电压的幅度，是否会改变过渡过程的快慢？为什么？

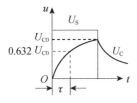

图 4-37　RCL 暂态电路充放电波形曲线

（4）某同学通过实验测得 RC 电路输入 U_S 与输出 U_C 波形如图 4-37 所示，结果发现由此测得的电路充电时间常数 τ 与理论计算值偏差较大，请找出误差原因。

（5）当 RC 电路在方波激励时，为什么微分电路的输出波形会出现突变部分？而积分电路的输出波形不会发生突变？

（6）在图 4-32 所示电路中，如果电路的放电时间常数 $\tau=0.08s$，则示波器的水平扫描速率"S/DIV"应放置在什么位置上才能看到完整的放电曲线。

实验 4.9 RLC 串联谐振电路

RLC 串联谐振
研究

RLC 串联谐振
实验操作

1．实验目的

（1）熟悉 RLC 串联谐振电路的结构与特点。
（2）掌握测量正弦稳态电路的电压量，确定 RLC 串联电路谐振点的实验方法。
（3）学习用实验的方法测试幅频特性曲线及测量谐振电路的通频带宽度。
（4）掌握电路品质因数（电路 Q 值）的物理意义及其测定方法。
（5）理解电源频率变化对电路响应的影响。
（6）掌握用示波器观测谐振电路的电压波形，确定谐振点的实验方法。

2．实验任务

设计一个谐振频率为 9kHz 左右、品质因数 Q 分别为 4 和 2 的 RLC 串联谐振电路（其中 L 为 30mH，C=0.01μF），要求如下：

（1）根据设计任务要求分别计算电路 Q_1=2 与 Q_2=4 的电阻参数取值，画出电路图。
（2）完成 Q_1 为 2、Q_2 为 4 的电路电流谐振曲线 $I=f(f)$ 的测试。记录表 4-20，用实验数据说明谐振时电容两端电压与电源电压之间的关系，根据谐振曲线说明品质因数 Q 的物理意义及对谐振曲线的影响，并测试 Q_1 约为 2、Q_2 约为 4 的谐振曲线通频带宽度及下限、上限频率。

表 4-20　测试电流谐振曲线数据

	保持信号源 U_S=4V 不变											
R=? C=?	f（Hz）					f_L		f_0		f_H			
	U_R（V）												
	U_C（V）												
	$I=U_R/R$（mA）												

（3）利用谐振时电路中电流与电源电压同相的特点，保持信号源的幅值不变，改变信号源的频率，用数字示波器测试电路电压、电流波形相位的方法，找出电路的谐振点，画出此时输入电源电压与输出电流响应的波形。

（4）根据实验测试数据，计算电路实际品质因数 Q，分析产生误差的原因是什么？并对实验方案进行适当的调整，重新修正，完成最后实验测量，再次计算 $Q_{实际}$ 及测量误差。

3．实验设备

电工技术实验台 1 台；
RLC 串联谐振电路板 1 套；
数字示波器 1 台；
函数信号发生器 1 台；
数字交流毫伏表 1 台；
导线若干。

4. 实验原理

（1）RLC 串联电路

在 RLC 串联电路中，当正弦交流信号源的频率改变时，电路中的感抗、容抗随之而变，电路中的电流也随频率而变。对于 RLC 串联电路，电路的复阻抗 $Z=R+j[\omega L-1/(\omega C)]$。

（2）RLC 串联谐振

谐振现象是正弦稳态电路的一种特定的工作状态。当电抗 $X=\omega L-1/(\omega C)=0$，电路中电流与电源电压同相时，发生串联谐振，这时的频率为串联谐振频率 f_0：

$$f_0 = \frac{1}{2\pi\sqrt{LC}} \tag{4-8}$$

串联谐振时具有以下特点：

① 电抗 $X=0$，电路中电流与电源电压同相。

② 阻抗模达到最小，即 $|Z|=R$，电路中电流有效值达到最大。

③ 电容电压与电感电压的模值相等。电容与电感既不从电源吸收有功功率，也不吸收无功功率，而是在它们内部进行能量交换，此时电源电压与电阻上电压相等。

④ 谐振时电容或电感上的电压与电源电压之比为品质因数：

$$Q = \frac{U_C}{U_S} = \frac{U_L}{U_S} = \frac{1}{\omega_0 RC} \tag{4-9}$$

式中，U_C 为电容电压有效值；U_L 为电感电压有效值；U_S 为电源电压有效值。此时，电阻 R 与品质因数 Q 成反比，电阻 R 的大小影响品质因数 Q。

（3）频率特性

频率特性就是幅频特性和相频特性的统称。实际测量频率的特性时，可以取电阻 R 上的电压 u_R 作为输出响应，当输入电压 u_S 的幅值维持不变时的频率特性如下：

① 幅频特性。输出电压有效值 U_R 与输入电源电压有效值 U_S 的比值（U_R/U_S）是角函数或频率的函数。

② 相频特性。输出电压 u_R 与输入电压 u_S 之间的相位差是角函数或频率的函数。

③ 谐振曲线。串联谐振电路中电流的谐振曲线就是电路中电流随频率变动的曲线（以 U_R/U_S 为纵坐标，因 U_S 不变，相当于以 U_R 为纵坐标，故也可以直接以 U_R/R 为纵坐标），如图 4-38 所示。

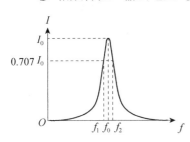

图 4-38 RLC 串联电路谐振曲线

④ 上、下限频率。当 $U_R/U_S=0.707$，或者 $U_R=0.707U_S$，即输出电压 U_R 与输入电压有效值 U_S 的比值下降到最大值的 0.707 倍时，所对应的两个频率分别为下限频率 f_L 和上限频率 f_H，上、下限频率之差定义为通频带 $BW=f_H-f_L$。通频带的宽窄与电阻有关。

工程上常用通频带 BW 来比较和评价电路的选择性。通频带 BW 与品质因数 Q 值成反比，Q 值越大，BW 越窄，谐振曲线越尖锐，电路选择性越好。

在电信工程中，常利用串联谐振来获得较高的信号，如收音机收听某个电台；在电力工程中则相反，一般应避免发生谐振，谐振时由于过电压，可能击穿电容器和电感线圈的绝缘。

（4）实验室测量谐振点的方法

方法一：用测量电压的方法找到谐振点。通过保持输入交流电源电压值不变，只改变它的频率，用数字交流毫伏表监测串联电路中电阻两端的电压达到最大值（近似等于电源电压值，即电路中电流达到最大值）的方法来确定谐振点，此时的频率即为串联谐振频率 f_0。

方法二：用数字示波器测量的方法找到谐振点。通过保持输入交流电源电压值不变，只改变它的频率，观测电阻两端电压、电流波形的方法找到谐振点。当达到谐振时，电路中的电阻电压波形与电流波形同相位。

（5）电路品质因数 Q 值的两种测量方法。

方法一：根据谐振时公式 $Q=U_C/U_S=U_L/U_S$ 测定。

方法二：通过测量谐振曲线的通频带宽度 BW= f_2-f_1，再根据 $Q=f_0/(f_2-f_1)$ 求出 Q 值。

（6）考虑实际电路存在不可忽略的电阻的影响，修正本实验测量方案

本实验如果不考虑 RLC 串联电路中的电感内阻、电容漏电阻、信号源输出电阻，测量误差会与理论值相差甚大。尤其随着 Q 取值越大，测量误差越大。为此，考虑减小电路的测量误差，可以用实验的方法，寻找并测量出电路中原本忽略的电阻 $R'=R_L+R_C+R_0$，即忽略的电阻 R' 包含电感与电容的阻值 R_L+R_C 及信号源输出的内阻 R_0。

对于电感和电容内阻、信号源输出内阻 R_0，可采用如下方法测得：其等效电路模型如图 4-39 所示，可以在电阻 R（可由计算公式（4-9）得出）两端测量其电压（注意：测量 U_R 电压时，应保证数字交流毫伏表与信号发生器共地），测量过程中应始终保持信号源输出电压有效值 U 为一定值（如 $U=4V$），通过改变信号源输出频率，当测量出电阻 R 两端电压 U_R 为最大值即 U_{Rmax} 时，可认为电路发生了谐振。但是，实际测量时会出现谐振点处 $U \neq U_{Rmax}$ 时，且 $U > U_{Rmax}$，主要原因是：此时信号源的输出电压 U 全部加在电路中的所有电阻（R_L、R_C、R_0 和 R）上，电阻 R'（R_L、R_C、R_0）不应忽略，R' 计算公式为：

$$R'= R_L+R_C+R_0 \tag{4-10}$$

可计算出：

$$R'=(U-U_{Rmax})/(U_{Rmax}/R) \tag{4-11}$$

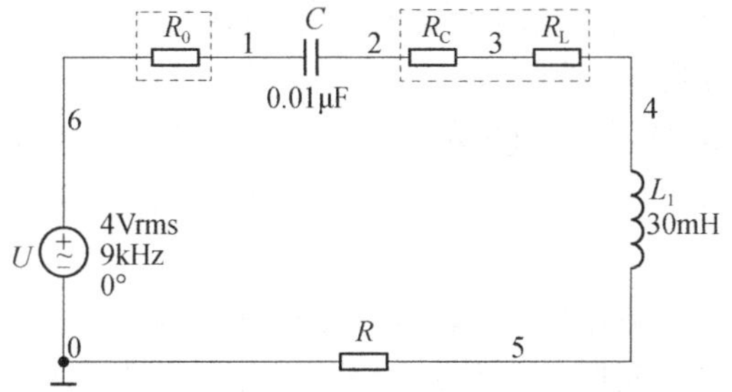

图 4-39 计算信号源输出电阻 R_0、电容漏电阻与电感内阻之和 R_L+R_C 测量电路

因此，实际电路中真正的电阻 R 应该包含 R'（R_L、R_C、R_0）与 $R_{实际}$ 之和，可把原电路（没有考虑电路中电阻 R'）等效为图 4-40 所示修正后的电路。

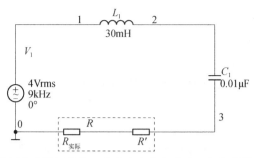

图 4-40　RLC 串联谐振电路的误差修正电路（考虑电感内阻和电容漏电阻、信号源内阻）

实际总电压为：

$$U_{R总}=U_{R实际}\times(R_{实际}+R')/R_{实际} \tag{4-12}$$

例如，$Q=2$ 时，谐振频率 $f_0=9\text{kHz}$，计算谐振时电阻取值为 $R=1/(Q\omega_0 C)=885\ \Omega$

$$R_{实际}=R-R' \tag{4-13}$$

可计算出串联谐振电路的电阻实际取值为 $R_{实际}=[885-(R_L+R_C+R_0)]\ \Omega$

品质因数为：

$$Q_{实际}=U_C/U_{R总}=U_C/(885\times U_{R实际}/R_{实际})$$

事实上，考虑电阻 R'，计算 $R_{实际}$ 的方法有很多，还可以用实验的方法（如通过直接调节电阻箱的阻值，用数字交流毫伏表监测电容两端的电压，使之 $U_C=QU_S$）直接找到 $R_{实际}$ 的值。

5．预习提示

（1）熟悉串联谐振电路的结构和特点。

（2）掌握实验室常用的谐振点测量的方法。

（3）本实验频率范围较宽，测量电路元器件的交流电压有效值时，必须用数字交流毫伏表测试。

（4）注意测量电阻两端电压、电容两端电压或测量电感与电容两端电压时，为了减小电压的测量误差，应注意数字交流毫伏表的黑表笔（或黑色夹子）始终与信号发生器的输出端的地线共地。

（5）由于信号发生器的内阻的影响，在调节其频率时，注意检测其电压大小，以保证输入电压有效值保持不变。

（6）完成谐振曲线的数据测量。根据测试结果，在同一坐标系内画出谐振曲线 $I=f(f)$，并说明品质因数 Q 的物理意义及品质因数对曲线的影响。

（7）根据题目要求算出电路的参数，画出实际电路图。

（8）本实验需要完成 Q_1 为 4、Q_2 为 2 的电路的电流谐振曲线 $I=f(f)$ 的测试，分别记录谐振点两边各四至五个关键点（包括谐振频率 f_0、上限频率 f_H、下限频率 f_L），分别算出通频带 $BW=f_H-f_L$。

（9）用另一种方法找出谐振点。画出输入电压 u_S 与输出电压响应 u_R（反映电流信号）的波形，测量其电压和电流波形，并判断电路的性质（阻性、感性、容性）。

6．课前自测

（1）在实验室测量 RLC 串联谐振电路的交流电压时，应该使用什么测量仪器？（　　）

① 数字电压表　　　　② 数字交流表　　　　③ 数字示波器

（2）根据串联谐振电路电流谐振曲线，测量上、下限频率时取对应谐振电流的频率点为（　　）。
① $0.707I_m$　　　　② $0.5I_m$　　　　③ $0.368I_m$

（3）RLC 串联谐振电路中电阻 R 大小对谐振电流值大小是否有影响？（　　）
① 有影响　　　　② 无影响　　　　③ 不确定

（4）RLC 串联谐振电路中电阻 R 大小对谐振频率是否有影响？（　　）
① 有影响　　　　② 无影响　　　　③ 不确定

（5）串联谐振时电路呈现什么性质？（　　）
① 纯电阻　　　　② 纯电容　　　　③ 纯电感

（6）串联谐振时电路达到谐振点时，电容与电感两端电压关系为（　　）。
① $U_L = U_C = U_S$　　② $U_L \neq U_C$　　③ $U_L = U_C$

（7）串联谐振时电路达到谐振点时，电阻两端电压关系为（　　）。
① $U_R = U_L = U_C$　　② $U_R = 0V$　　③ $U_R = U_S$

（8）串联谐振电路，电容两端的电压将达到（　　）。
① 最大值　　　　② 0V　　　　③ 最小值

（9）串联谐振时电路，如图 4-41 所示，为了减小测量误差，测量电容两端电压时应选择（　　）。
①（a）图　　　　②（b）图

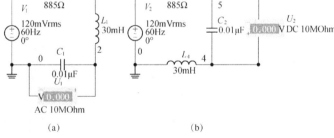

图 4-41　测量电容两端电压

（10）串联谐振电路，测量误差的主要来源是（　　）。
① 电感中的内阻，电容的漏电阻，信号发生器输出阻抗
② 电感中的内阻
③ 信号发生器输出阻抗

7．课后思考

（1）谐振时电路呈现电阻性，则电容电压、电感电压均为 0。这句话对吗？
（2）谐振时，电容电压两端电压是最大吗？
（3）电阻 R 大小对串联谐振电路哪个相关参数有影响？对幅频特性是否有影响？
（4）电路发生串联谐振时，为什么输入电源电压有效值 U_S 不能太大？某同学用指针式交流毫伏表完成一个 $Q=20$ 的串联谐振电路实验，如果调节信号发生器输出电压有效值 $U_S=10V$，电路谐振时，用数字交流毫伏表测电容两端有效值电压 U_C，应该选择用多大的

量程？

（5）电源电压一定时，电路的品质因数 Q、通频带 BW 与电源有关吗？

实验 4.10 三相交流电路的测量

三相电路实验操作

三相电路实验理论

1．实验目的

（1）熟悉三相负载的连接方式，建立负载对称与不对称的概念。
（2）验证三相对称负载的线电压与相电压、线电流与相电流的关系。
（3）理解三相四线制供电系统中的中性线作用。
（4）掌握三相功率的测量方法。
（5）了解三相交流电相序测定的方法。

2．实验任务

（1）如图 4-42 所示为采用"两功率表"法接线，用若干个 20W 白炽灯组成负载三角形（△）连接电路，电源线电压 U=220V。完成表 4-21 三相电路三角形（△）连接的参数测量。负载情况分别按下列要求：

① 负载对称（每相 60W）。
② 负载不对称（U 相 20W、V 相 40W、W 相 60W）。

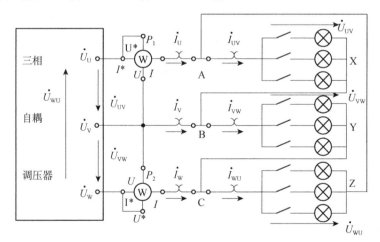

图 4-42　负载三角形连接电路

表 4-21　三相电路三角形（△）连接的参数测量

功率			线（相）电压/V			线电流/mA			相电流/mA			三相功率/W		
U 相	V 相	W 相	U_{UV}	U_{VW}	U_{WU}	I_U	I_V	I_W	I_{UV}	I_{VW}	I_{WU}	P_1	P_2	计算 P
负载对称														
60W	60W	60W												
负载不对称														
20W	40W	60W												

（2）如图 4-43 所示，用若干个 20W 白炽灯组成星形（Y）连接电路，电源线电压 $U=220V$。完成表 4-22 中三相电路星形（Y）连接的参数测量。负载情况和功率表接线分别按下列要求：

① 负载对称（每相 60W），采用一功率表法接线。
② 负载不对称（U 相 20W、V 相 40W、W 相 60W），采用"三功率表"法接线。

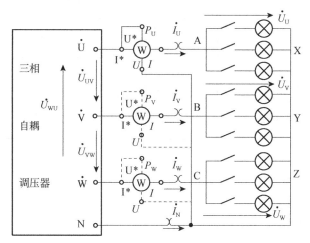

图 4-43　负载星形连接电路

表 4-22　三相电路星形（Y）连接的参数测量

负载	功率			线电压/V			相电压/V			线（相）电流/mA			中线电流/mA	三相功率/W			
	U 相	V 相	W 相	U_{UV}	U_{VW}	U_{WU}	U_U	U_V	U_W	I_U	I_V	I_W	I_N	P_U	P_V	P_W	计算 P
有中性线	负载对称																
	60W	60W	60W														
	负载不对称																
	20W	40W	60W														
无中性线	负载对称																
	60W	60W	60W														
	负载不对称																
	20W	40W	60W														

（3）用"一功率表"法完成如图 4-44 所示三相三线制对称负载无功功率的测试。

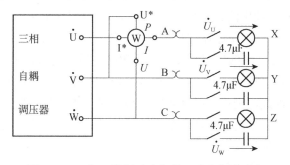

图 4-44　三相三线制对称负载无功功率的测试

（4）如图 4-45 所示由两个 40W 白炽灯和一个 2.67μF（由 1 个 2.2μF 和 1 个 0.47μF 并联得到）电容组成的星形连接相序判断电路，完成表 4-23 的测量记录，得出相序结论。

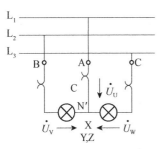

图 4-45 相序判断电路

表 4-23 相序测试

项目名称	L_1 相	L_2 相	L_3 相
电压/V			
电流/A			
用（√）注明电容所在相			
用（√）注明较亮的相			
用（√）注明较暗的相			
由上述得出电源相序			

3．实验设备

电工技术实验装置 1 套；

数字万用表 1 台；

单相智能型数字功率表 2 台；

粗导线若干。

4．实验原理

（1）对称三相交流电源

对称三相交流电源是由三个同频率、等幅值而相位依次相差 120°的正弦电压源，按星形（Y）或三角形（△）的连接方式连接。它有三相三线制和三相四线制两种结构。我国三相系统电源频率 f 为 50Hz，民用电供电采用的都是三相四线制，进入居民家庭的电源电压大多数为 220V。而日、美等国电源频率为 60Hz，民用电电源电压有 110V 或 220V。电源引入接线用 L_1、L_2、L_3 表示，电源电压用 u_1、u_2、u_3 表示；送至负载端电源接线用 U、V、W 表示，负载上的电压用 u_U、u_V、u_W 表示。

（2）负载的连接方式

负载的连接方式为三角形（△）和星形（Y）两种方式。

① 三相负载对称电路中，负载作星形（Y）连接。其线电压 U_l 是相电压 U_p 的 $\sqrt{3}$ 倍，且线电压超前相电压 30°，线电流 I_l 等于相电流 I_p，即 $U_l=\sqrt{3}\ U_p$，$I_l=I_p$。流过中性线的电流 $I_N=0$。

② 三相负载对称电路，负载作三角形（△）连接。其线电压 U_l 等于相电压 U_p，线电流 I_l 是相电流 I_p 的 $\sqrt{3}$ 倍，且线电流滞后相电流 30°，即 $I_l=\sqrt{3}\ I_p$，$U_l=U_p$。

③ 中性线的作用。负载不对称的星形（Y）连接的低压三相电路一般都采用三相四线制。因为如果不接中性线，则由于中性点的位移造成各相负载的额定电压得不到保证，会使负载不能正常工作，甚至遭受损坏。接中性线可以保证各相负载获得额定电压且互不影响，因此中线不允许接保险丝。

（3）三相负载的功率的测量

三相负载所吸收的总有功功率等于各相负载有功功率之和。

① 三相四线制负载对称电路的功率测量。三相四线制负载对称的电路采用"一功率表"法测量，如图 4-43 所示（不含 P_V、P_W 功率表）。用单相交流功率表（以下简称功率表）测出任一相的功率，乘以 3 即得三相负载的总功率，即 $P=3P_U$。

② 三相四线制负载不对称电路的功率测量。三相四线制负载不对称电路采用"三功率表"法测量，如图 4-43 所示（含 P_U、P_V、P_W 功率表）。三只功率表测出的各相功率相加即得三相负载的总功率，即 $P=P_U+P_V+P_W$。

③ 三相三线制电路的功率测量。三相三线制电路采用"两功率表"法测量，如图 4-42 所示。两只功率表读数代数和等于三相负载的总功率，即 $P=P_1+P_2$。"两功率表"法的接线原则是，两只功率表的电压、电流线圈的同名端相连后接电源，将两只功率表的电流线圈非同名端分别串入任意两相线路中，两只功率表的电压线圈非同名端同时接到没有接入功率表电流线圈的那一相电源端。图 4-42 给出的是（I_U、U_{UV}）与（I_W、U_{WV}）连接法。还有另外两种连接法，即（I_U、U_{UW}）与（I_V、U_{VW}）、（I_V、U_{VU}）与（I_W、U_{WU}）的连接法。若负载为感性或容性负载，且当相电压与相电流相位差$|\varphi|>60°$时，线路中的一只功率表的读数为负值（或指针反偏），这时应将反偏的功率表电流线圈的两个端钮调换（不能调换电压线圈端钮），而读数应记为负值。

在实际应用中，常用一个三相交流功率表（或称二元功率表）代替两个单相交流功率表。

④ 三相电路无功功率的测量。对于三相三线制负载对称的电路，可用接入一个功率表测得三相负载的无功功率 Q，如图 4-44 所示。设测得的功率表读数为 P，则三相电路的无功功率 $Q=\sqrt{3}P$。图 4-44 给出的是（I_U、U_{VW}）连接法。还有另外两种连接法，为（I_V、U_{UW}）或（I_W、U_{UV}）的连接法。当负载为感性时，无功功率为正值；当负载为容性时，无功功率为负值。

（4）三相电源相序的判定

三相电源相序对于不可逆向转动的传动设备是十分重要的，如果相序错误，会造成运行中的电机反转，将引起传动设备损坏。在电机工程安装接线前，首先要用专门的相序指示仪进行相序测定，或通过一个电容与两个白炽灯组成不对称三相三线星形连接的简易电路进行三相相序测定。当然相序保护器的接入对运行中相序的保护也是必不可少的。

图 4-45 所示的就是电容和白炽灯组成的相序判断电路。设 $\dot{U}_1$、$\dot{U}_2$、$\dot{U}_3$ 为三相对称电源的相电压，$\dot{U}_U$、$\dot{U}_V$、$\dot{U}_W$ 为三相负载的相电压，则中性点位移电压为

$$\dot{U}_{N'} = \frac{\dfrac{\dot{U}_1}{-jX_C}+\dfrac{\dot{U}_2}{R_B}+\dfrac{\dot{U}_3}{R_C}}{\dfrac{1}{-jX_C}+\dfrac{1}{R_B}+\dfrac{1}{R_C}}$$

设 $X_C=R_B=R_C$，$\dot{U}_1=U_P\angle 0°$，可得到 $\dot{U}_{N'}=(-0.2+j0.6)U_P$，从而得到 $U_V=1.5U_P$，$U_W=0.4U_P$。由于 $U_V>U_W$，故 L_2 相白炽灯比 L_3 相白炽灯亮。即利用电路不对称负载，导致负载中性点发生位移，造成某两相负载工作电压较大地偏离额定电压，以使白炽灯有明显的明亮区别。假设电容所连接的电源相为 L_1 相，则较亮的白炽灯所连接电源相为 L_2 相，较暗的白炽灯所连接电源相为 L_3 相。

5．实验预习

（1）了解三相交流电源的特点。

（2）三相负载的两种连接方式各有什么特点？负载对称与不对称对电路有什么影响？理解中线的重要性。

（3）对不同结构的三相交流电源，其负载的三相功率的测量方法有何区别？

（4）为什么通过一个电容与两个白炽灯组成电路可以测定三相电源的相序？

（5）负载为三角形（△）连接时，$I_l=\sqrt{3}I_p$ 在什么条件下成立？

6．课前检测

（1）请列举三相交流电路实验与日光灯实验的注意事项的相同之处和不同之处。

（2）三相负载根据什么原则作星形连接或三角形连接？

（3）如果把实验任务（2）和实验任务（4）的电源相电压均调为 220V 会出现什么现象？说出原因。

（4）三相交流电路无功功率 $Q=300$kvar，$S=500$kVA 时，有功功率 P 等于_____（a. 200kW　b. 400kW　c. 300kW）。

（5）当三相交流电路的对称负载采用星形（Y）连接时，它的线电压等于相电压的___（a. $\sqrt{2}$ 倍　b. 0.707 倍　c. $\sqrt{3}$ 倍）。

（6）有一台变压器 $S=300$kVA，功率因数 $\cos\varphi=0.8$，其有功功率 P 为_____（a. 240kW　b. 310kW　c. 375kW）。

（7）星形（Y）连接的三相交流 380V 电源，供电给三层厂房照明，每层接一相负载，各层的电灯总功率相等，按星形（Y）连接。如果各层电灯全亮时，所有电灯的端电压是多少？如某一层电灯全灭，其他两层端电压变为多少？亮度有何变化？

（8）在做负载星形（Y）连接的实验时，如果其中一相负载（A-X）短路，而中性线又断开，会出现什么现象？

（9）额定电压 220V 的两个灯泡串联后加在 380V 的电源上，一只灯泡为 100W，另一只灯泡为 40W，这样会造成_____（a. 40W　b. 100W 与 40W　c. 100W）灯泡烧毁。

（10）家用电器要_____（a. 串联　b. 并联）接入电路。

7．课后思考

（1）为什么中线上不允许接保险丝？说明三相四线制中线在电路中的作用。

（2）为什么我国民用电供电采取的都是三相四线制，而不采取三相三线制？

（3）为什么家用电器要并联接入电路，而不是串联接入电路？

（4）三相四线制电路中，若将中性线与一根相线接反了将出现什么现象？

（5）如图 4-42 所示三相对称负载白炽灯作三角形（△）连接，如果 U 相负载（A-X）断开，V 相（B-Y）灯的亮度正常还是不正常？W 相（C-Z）灯的亮度正常还是不正常？它们的线电流的大小与正常值的关系？

（6）如图 4-42 所示三相对称负载白炽灯作三角形（△）连接，如果 W 相电源线断开，则 W 相（C-Z）灯亮度变化吗？V 相（B-Z）灯亮度变化吗？U 相（A-X）灯泡亮度变化吗？线电流 I_U 和线电流 I_V 变化吗？

（7）三相对称负载星形（Y）连接，每相阻抗均为22Ω，功率因数为0.8，测得流过负载的电流为10A，那么用"两功率表"法测量出有功功率是多少？

实验 4.11　二阶 RC 电路的暂态过程

1．实验目的

（1）学习如何通过实验方法研究二阶 RC 电路的暂态过程。

（2）通过研究二阶 RC 电路暂态过程，加深对电容特性的认识和对二阶 RC 电路特性的理解。

（3）根据对实验现象的分析，学习和了解二阶 RC 低通滤波电路。

2．实验任务

（1）用数字双踪示波器观察如图 4-46 所示的二阶 RC 电路中电容 C_1、C_2 在频率为 15Hz、150Hz、500Hz 下充、放电暂态过程电容两端电压曲线。

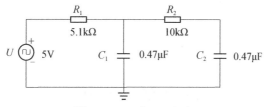

图 4-46　二阶 RC 电路

（2）测量图 4-46 电路中电容 C_1、C_2 暂态过程的充电时间常数 τ_{C1}、τ_{C2} 和放电时间常数 τ'_{C1}、τ'_{C2}。

3．实验设备

电工技术实验装置 1 台；

数字示波器 1 台；

函数信号发生器 1 台；

导线若干。

4．实验原理

图 4-47 所示的是一个二阶 RC 充、放电暂态电路，当开关 K 由"0"合向"1"时，电源 E 通过电阻 R_1、R_2 对电容 C_1、C_2 进行充电。

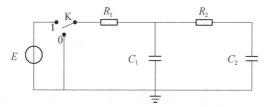

图 4-47　二阶 RC 充、放电暂态电路

在电容 C_1 和 C_2 完全充电后，把开关 K 从"1"扳向"0"，电容 C_1 将通过电阻 R_1 放电，电容 C_2 将通过电阻 R_2 对电容 C_1 充电。这两个过程都是二阶 RC 电路的暂态过程。

根据图 4-47，可以列出电容器充放电过程的电路方程。

充电时：

$$\begin{cases} U_{C_1} + R_1C_1 \dfrac{dU_{C_1}}{dt} = E \\ U_{C_2} + R_2C_2 \dfrac{dU_{C_2}}{dt} = U_{C_1} \end{cases} \quad (4\text{-}14)$$

推导可得

$$U_{C_2} + (R_1C_1 + R_2C_2)\dfrac{dU_{C_2}}{dt} + R_1C_1R_2C_2 \dfrac{d^2U_{C_2}}{dt^2} = E$$

由初始条件 $t=0$ 时，$U_{C_1}=0$，$U_{C_2}=0$；$t=\infty$ 时，$U_{C_1}=E$，$U_{C_2}=E$

解得

$$U_{C_1} = E(1 - e^{\frac{-t}{R_1C_1}}); \quad U_{C_2} = E\left(\dfrac{R_1C_1}{R_2C_2 - R_1C_1} e^{\frac{-t}{R_1C_1}} - \dfrac{R_2C_2}{R_2C_2 - R_1C_1} e^{\frac{-t}{R_2C_2}} + 1\right)$$

可得电容 C_1 的充电时间常数 $\tau_{C_1} = R_1C_1$

放电时：

$$\begin{cases} U_{C_1} + R_1C_1 \dfrac{dU_{C_1}}{dt} = 0 \\ U_{C_2} + R_2C_2 \dfrac{dU_{C_2}}{dt} = U_{C_1} \end{cases} \quad (4\text{-}15)$$

推导可得

$$U_{C_2} + (R_1C_1 + R_2C_2)\dfrac{dU_{C_2}}{dt} + R_1C_1R_2C_2 \dfrac{d^2U_{C_2}}{dt^2} = 0$$

由初始条件 $t=0$ 时，$U_{C_1}=E$，$U_{C_2}=E$；$t=\infty$ 时，$U_{C_1}=0$，$U_{C_2}=0$

解得

$$U_{C_1} = Ee^{\frac{-t}{R_1C_1}}; \quad U_{C_2} = E\left(\dfrac{R_1C_1}{R_1C_1 - R_2C_2} e^{\frac{-t}{R_1C_1}} - \dfrac{R_2C_2}{R_1C_1 - R_2C_2} e^{\frac{-t}{R_2C_2}}\right)$$

可得电容 C_1 放电时间常数 $\tau'_{C_1} = R_1C_1$。

由上述公式推导可知电容 C_1 充、放电时间常数相同都为 R_1C_1，且不受电容 C_2 的影响。

当交流电源对电容充、放电频率较低时，充、放电时间大于电容 C_1 和 C_2 的充电时间常数 τ_{C_1}、τ_{C_2} 和放电时间常数 τ'_{C_1}、τ'_{C_2}，二阶 RC 电路的暂态过程如图 4-48、图 4-49 所示，电容 C_1 和 C_2 都可以充满电，再放电。

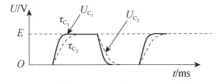

图 4-48　二阶 RC 电路的频率较低时暂态过程电容 C_1、C_2 电压曲线

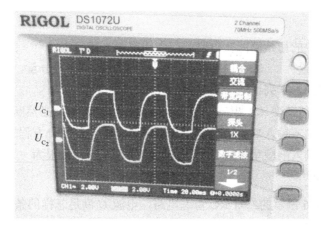

图 4-49　用示波器观测二阶 RC 电路暂态过程电容充、放电电压实测波形（频率较低）

当充放电频率较高时，充放电时间小于电容 C_1 和 C_2 的充电时间常数 τ_{C_1}、τ_{C_2} 和放电时间常数 τ'_{C_1}、τ'_{C_2}，二阶 RC 电路的暂态过程如图 4-50、图 4-51 所示，这是因为电容 C_1、C_2 未充满又开始放电，该暂态可以用做二阶低通滤波电路。

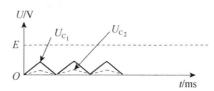

图 4-50　二阶 RC 电路的频率较高时暂态过程电压曲线

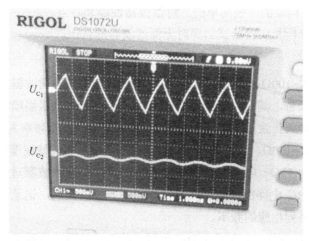

图 4-51　用示波器观测二阶 RC 电路暂态过程电容充、放电电压实测波形（频率较高）

5．实验预习

（1）了解电路中的暂态过程。

（2）了解电路时间常数的物理意义。

（3）对于二阶 RC 暂态电路，外加周期 T 的方波时，需要满足什么参数条件，电容 C_1 和 C_2 上才能看到完整的暂态过程？

6. 课前检测

（1）动态元器件的初始储能在电路中产生的零输入响应中（　　）。
① 仅有稳态分量　　② 仅有暂态分量　　③ 既有稳态分量，又有暂态分量
（2）在换路瞬间，下列说法中正确的是（　　）
① 电感电流不能跃变　② 电感电压必然跃变　③ 电容电流必然跃变
（3）二阶电路的零输入响应呈现非振荡放电过程时，其微分方程的特征根为_____；
二阶电路的零输入响应呈现临界状态，其微分方程的特征根为_____。

7. 课后思考

（1）对于图 4-46 所示的二阶 RC 暂态电路，电源 U 满足怎样的条件，电容 C_1 和 C_2 的电压波形近似为三角波？
（2）用二阶 RC 电路的暂态过程解释其低通滤波原理。
（3）计算图 4-50 所示的二阶低通滤波电路的截止频率。

实验 4.12　无源滤波器频率特性的研究

1. 实验目的

（1）掌握测定无源一阶 RC 滤波器的幅频特性、相频特性的方法。
（2）观察无源 RC 电路对周期脉冲序列的瞬态响应。
（3）了解由 RC 构成的一些简单的二阶滤波器性能和特点。
（4）通过理论分析和实验测试加深对无源滤波器的认识。

2. 实验任务

（1）完成电阻 $R=100\Omega$、电容 $C=1\mu F$ 的无源一阶 RC 低通滤波器的测量，要求找出截止频率的位置和通频带，其余各点频率自行决定，画出此滤波器幅频特性和相频特性的曲线。要求信号源的输入正弦波电压有效值为 4V，调节输入电源频率为 50Hz～20kHz。

（2）完成电阻 $R=100\Omega$、电容 $C=10nF$ 的无源一阶 RC 高通滤波器的幅频特性测量。

（3）完成电阻 $R=1k\Omega$、电容 $C=1\mu F$ 的无源一阶 RC 低通滤波器对周期脉冲序列的瞬态响应，根据给定的 RC 电路的参数，自行设计周期方波的频率，记录两组相关的输入和输出波形及周期脉冲序列相应的频率。

（4）完成电阻 $R=2k\Omega$，电容 $C=0.1\mu F$ 无源二阶 RC 低通滤波器的测量，要求找出极点频率和截止频率的位置。其余各点频率自行决定，画出此滤波器幅频特性的曲线，并进行误差分析。要求信号源的输入正弦波电压有效值为 0.5V，调节输入电源频率为 50Hz～4kHz。

3. 实验设备

定值电阻器、电容器若干；
数字交流毫伏表一台；
数字示波器一台；

函数信号发生器一台。

4．实验原理

滤波器是一种选频电路，就是对电路的输入信号进行选频，只允许某一频率范围内的信号能够通过，而使其他频带范围内的信号被衰减掉，即被滤除。信号通过滤波器时，前者的衰减很小而后者的衰减很大。

（1）高、低通滤波电路

让指定频率范围的信号能较顺利通过，而范围外的信号起衰弱或削弱作用的电路就是高、低通滤波电路，也称为选频电路。低通滤波器是让输入信号中的低频成分顺利通过，而抑制或衰减其中的高频成分的滤波电路。高通滤波器从传输的观点看，输入的高频信号比较容易通过，低频信号得到抑制或衰减。

（2）滤波器类型

选择合适的电路结构和参数以满足对不同频率信号的网络传输要求。通常将希望保留的频率范围称为通带，将希望抑制的频率范围称为阻带。根据通带和阻带在频率范围的相对位置，滤波器分为低通、高通、带通和带阻四种类型。

（3）滤波器的应用

滤波器常用于信号处理、数据传输和抑制干扰等方面。许多通过电信号进行通信的设备，如电话、收音机、电视和卫星等都需要使用滤波器。严格地说，实际应用的滤波器并不能完全滤掉所选频率的信号，只能衰减信号。

（4）网络的频率特性

频率特性反映了网络对于不同频率输入而产生的正弦稳态响应的性质。当 $U_s(j\omega)$ 作为输入变量，$U_o(j\omega)$ 作为输出变量，其网络的频率特性 $T(j\omega)$ 为

$$T(j\omega) = \frac{U_o(j\omega)}{U_s(j\omega)} = |T(j\omega)|$$

式中，$|T(j\omega)|$ 是角频率 ω 的函数，称为幅频特性；

$\varphi(\omega)$ 是角频率 ω 的函数，称为相频特性；

$$\varphi(\omega) = \varphi_o - \varphi_s = \frac{\Delta t}{T} \times 360°;$$

$\varphi(\omega)$ 是输出与输入波形的相位差，如图 4-52 所示。

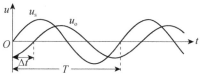

图 4-52　输入输出波形

（5）一阶 RC 低通滤波器

在如图 4-53（a）所示的 RC 低通滤波器电路中，以输入电源 $\dot{U}_i$ 为激励，以电容电压 $\dot{U}_o$ 为响应，则该低通滤波器的网络函数为

$$H(j\omega) = \frac{\dot{U}_o}{\dot{U}_i} = \frac{1/(j\omega c)}{R + 1/(j\omega c)} = \frac{1}{1 + j\omega RC}$$

$$= \frac{1}{\sqrt{1 + (\omega RC)^2}} \angle -\arctan \omega RC = A(\omega) \angle \varphi(\omega)$$

其幅频响应为

$$A(\omega) = |H(j\omega)| = \frac{1}{\sqrt{1+(\omega RC)^2}}$$

相频响应为

$$\varphi(\omega) = -\arctan(\omega RC)$$

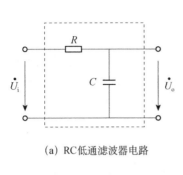
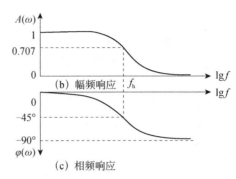

图 4-53 一阶 RC 低通滤波器电路及其频率响应

从图 4-53（b）中可看出 $\omega_h = \dfrac{1}{RC}$；$f_h = \dfrac{1}{2\pi RC}$，即为此滤波器的截止频率。工程上将 0～f_h 的频率范围定义为低通滤波器的通频带。

RC 低通滤波器具有电路结构简单、工作可靠等特点，广泛应用于电子设备的整流电路中，以滤除整流后电压中频率较高的交流分量；此外还常用于检波电路中，滤除检波的高频分量，提取低频分量的信号。

（6）一阶 RC 高通滤波器

对于同样的 RC 电路，若取电阻为输出，如图 4-54（a）所示。

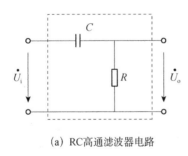
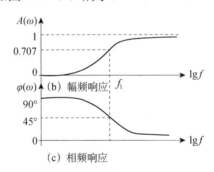

图 4-54 一阶 RC 高通滤波器电路及其频率响应

其频率响应不再赘述，同学们可以参考相关理论指导书。同样从图 4-54（b）中可以看出，高通滤波器的截止频率仍为 $\omega_l = \dfrac{1}{RC}$；$f_l = \dfrac{1}{2\pi RC}$。$f > f_l$ 滤波器的通带，0～f_l 的频率范围为滤波器的阻带。

当如图 4-54（a）所示的电路输入信号既有直流分量又有交流分量时，电容将阻碍直流分量的通过，使电阻上的压降基本上仅为交流电压，故称该电容为隔直电容。在电子线路中常用这种电路作为多级放大器的级间耦合电路，将前级放大电路的输出信号输送给下一级放大器，并隔离各级放大器间的直流电流，因此又称这种电容为耦合电容。

（7）RC 电路对周期脉冲序列的瞬态响应。

RC 电路对周期脉冲序列的瞬态响应，其中输入波形为周期方波，输出波形为按指数规律上升、下降的脉冲序列。改变输入脉冲的频率，可以看到输出波形的形状发生变化。

5．实验预习

（1）复习滤波器的相关知识。

（2）本实验的频率范围较宽，测交流电压有效值时，必须用数字交流毫伏表测试。

（3）测量滤波器的频率响应时，注意几个关键点的测量及拐点处多测量。

（4）由于信号发生器的内阻影响，注意在调节频率时，应随时调节其输出电压值的大小，使得实验电路的输入电压值保持不变。

（5）合理设计测量幅频、相频特性曲线的表格。

6．课前预习

（1）在幅频特性曲线的测量过程中，改变输入信号的频率时，输入信号的幅值如何处理？（　　）

① 保持不变　　　　　② 慢慢变小　　　　　③ 慢慢变大

（2）一阶 RC 滤波器幅频特性曲线每十倍频衰减多少 dB？（　　）

① 40dB　　　　　　② 20dB　　　　　　③ 10dB

（3）二阶 RC 滤波器幅频特性曲线每十倍频衰减多少 dB？（　　）

① 20dB　　　　　　② 60dB　　　　　　③ 40dB

（4）一阶 RC 低通滤波器在截止频率处，输入与输出相位角滞后多少度？（　　）

① 45 度　　　　　　② 60 度　　　　　　③ 90 度

（5）一阶 RC 高通滤波器，输入与输出相位角关系为（　　）。

① 滞后　　　　　　② 相等　　　　　　③ 超前

（6）一阶 RC 高通滤波器的截止频率为（　　）。

① $\omega_c = RC$　　　　② $\omega_c = \dfrac{1}{\sqrt{RC}}$　　　　③ $\omega_c = \dfrac{1}{RC}$

（7）试说明图 4-53（a）中，电容的作用（　　）。

① 滤除激励源中的高频分量，提取低频分量的信号　　② 滤除激励源中的高频分量

③ 滤除激励源中的高、低频分量

（8）试说明图 4-54（a）中，电容的作用（　　）。

① 滤除激励源中的高频分量，提取低频分量的信号　　② 滤除激励源中的高频

③ 滤除激励源中的高、低频分量

（9）测试一阶 RC 滤波器各数据时，信号源输出的幅值为何要恒定？（　　）

① 减小测量误差　　②信号源的内阻存在　　③ 随 f 改变，信号源有效值在改变

（10）无源 RC 低通滤波器用途为（　　）。

① 起耦合作用　　　　　② 是一种选频电路　　　　　③ 通交流隔直流

7．课后思考

（1）数字交流毫伏表测量的实际幅频特性与计算出的理论幅频特性有何区别？

（2）从低通、高通滤波器的幅频特性说明中，全通滤波器的幅频特性应该如何？

（3）从滤波器一些数学表达式中，如何理解滤波的概念？

（4）如何区别低通滤波器的一阶、二阶电路？它们有什么相同点和不同点？它们的幅频特性曲线有区别吗？

实验 4.13　二端口网络等效参数及连接

1．实验目的

（1）加深理解二端口网络的基本概念。

（2）学习测定无源线性二端口网络传输参数的方法。

（3）理解无源线性二端口网络的输入阻抗和输出阻抗。

2．实验任务

（1）用"同时测量法"分别测量图 4-55（a）和图 4-55（b）所示二端口网络 I 的 A_1、B_1、C_1、D_1 和二端口网络 II 的 A_2、B_2、C_2、D_2 传输参数，完成表 4-24 和表 4-25 的测试。并列出它们的传输方程。

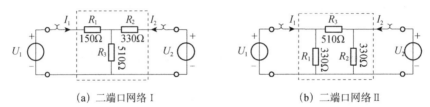

（a）二端口网络 I　　　　　　　　　（b）二端口网络 II

图 4-55　二端口网络

表 4-24　二端口网络 I 的传输参数测量

测试条件及测量值				传输参数计算	
输出端开路 $I_2=0$	U_{1OC}	U_{2OC}	I_{1OC}	A_1	C_1
	15V				
输出端短路 $U_2=0$	U_{1SC}	I_{2SC}	I_{1SC}	B_1	D_1
	15V				

表 4-25　二端口网络 II 的传输参数测量

测试条件及测量值				传输参数计算	
输出端开路 $I_2=0$	U_{1OC}	U_{2OC}	I_{1OC}	A_2	C_2
	15V				
输出端短路 $U_2=0$	U_{1S}	I_{2SC}	I_{1SC}	B_2	D_2
	15V				

（2）将两个二端口网络级联［将图 4-55（a）二端口网络 I 的输出接至图 4-55（b）二端口网络 II 的输入端］，用"分别测量法"测量级联后等效二端口网络的传输参数 A、B、C、

D，并根据表 4-24 和表 4-25 的计算结果，验证等效二端口网络的传输参数与两个二端口网络的传输参数之间的关系，完成表 4-26 中数据的测试。

表 4-26 级联后二端口网络的传输参数测量

测试条件及测量值							阻抗计算		传输参数计算	
输入端加入电压	输出端开路	U_{1OC}	I_{1OC}	输出端短路	U_{1SC}	I_{1SC}	R_{1OC}	R_{1SC}	分别测量法	参考下文（3）级联等效二端口网络传输参数计算方式
		$I_2=0$	15V		$U_2=0$	15V			$A=$ 、$B=$ $C=$ 、$D=$	
输出端加入电压	输入端开路	U_{2OC}	I_{2OC}	输入端短路	U_{2SC}	I_{2SC}	R_{2OC}	R_{2SC}		$A=$ 、$B=$ $C=$ 、$D=$
		$I_1=0$	15V		$U_1=0$	15V				

3．实验设备

电工技术实验装置 1 台；

数字万用表 1 台；

函数信号发生器 1 台；

电阻若干；

细导线若干。

4．实验原理

（1）二端口网络的传输方程

图 4-56 所示为无源线性二端口网络，它的外部特性可以用两个端口的电压和电流 4 个变量关系来描述。4 个变量之间关系可用多种形式的参数方程来表示，这取决于采用哪两个变量作为自变量，哪两个变量作为因变量。这种相互关系可以用网络参数表征，它们由其内部的元器件和它们的连接方式决定，而与输入无关。网络参数确定之后，它们的基本特性就确定了。

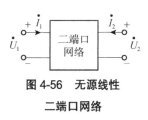

图 4-56 无源线性二端口网络

在图 4-56 所示无源线性二端口网络中，如果采用输出端口的电压和电流作为自变量，那么输入端口的电压和电流就作为因变量，其参数称为传输参数。

根据图 4-56 所示，列出二端口网络的传输方程为

$$\dot{U}_1 = A\dot{U}_2 + B(-\dot{I}_2) \quad \dot{I}_1 = C\dot{U}_2 + D(-\dot{I}_2) \tag{4-16}$$

式中，A、B、C、D 为二端口网络的传输参数，其值完全取决于网络的线路布局及各支路参数值（注意此时 I_2 方向是流出端口，与图 4-56 所示方向相反，方程中用以 $-\dot{I}_2$ 代替 $\dot{I}_2$）。

（2）二端口网络传输参数测量

① 同时测量法。

式（4-16）传输方程中的传输参数含义如下：

$$A = \dot{U}_{1OC} \big/ \dot{U}_{2OC} \quad (\dot{I}_2 = 0，即输出端开路时，电压传递) \tag{4-17}$$

$$B = \dot{U}_{1SC} \big/ (-\dot{I}_{2SC}) \quad (\dot{U}_2 = 0，即输出端短路时，阻抗传递) \tag{4-18}$$

$$C = \dot{I}_{1OC} \big/ \dot{U}_{2OC} \quad (\dot{I}_2 = 0，即输出端开路时，电导传递) \tag{4-19}$$

$$D = \dot{I}_{1SC}/(-\dot{I}_{2SC}) \quad (\dot{U}_2 = 0,\text{ 即输出端短路时, 电流传递}) \tag{4-20}$$

式中, $\dot{U}_{1OC}$、$\dot{I}_{1OC}$、$\dot{U}_{2OC}$ 为输出端开路时输入端口电压、电流和输出端口电压, $\dot{U}_{1SC}$、$\dot{I}_{1SC}$、$\dot{I}_{2SC}$ 为输出端短路时输入端口电压、电流和输出端口电流。

由以上公式可知, 只要在网络的输入端口加入电压, 同时测量两个端口电压和电流即可求出 A、B、C、D 四个参数。

② 分别测量法。

对于远距离输电线构成的二端口网络的测量, 可采用分别测量法。

先在网络输入端口加电压, 而将输出端口开路和短路, 分别测量输入端口电压和电流。由传输方程可得

$$R_{1OC} = \dot{U}_{1OC}/\dot{I}_{1OC} = A/C \quad (\dot{I}_2 = 0,\text{ 即输出端口开路时}) \tag{4-21}$$

$$R_{1SC} = \dot{U}_{1SC}/\dot{I}_{1SC} = B/D \quad (\dot{U}_2 = 0,\text{ 即输出端口短路时}) \tag{4-22}$$

然后, 在输出端口加电压, 而将输入端口开路和短路, 分别测量输出端口电压和电流。由传输方程可得

$$R_{2OC} = \dot{U}_{2OC}/\dot{I}_{2OC} = D/C \quad (\dot{I}_1 = 0,\text{ 即输入端口开路时}) \tag{4-23}$$

$$R_{2SC} = \dot{U}_{2SC}/\dot{I}_{2SC} = B/A \quad (\dot{U}_1 = 0,\text{ 即输入端口短路时}) \tag{4-24}$$

式中, R_{1OC}、R_{1SC} 分别为输出端口开路和短路时输入端口等效输入电阻; R_{2OC}、R_{2SC} 为输入端口开路和短路时输出端口等效输出电阻。

由于电路满足互易定理, 则 $R_{1OC}/R_{2OC} = R_{1SC}/R_{2SC} = A/D$, $AD - BC = 1$, 从而求出 4 个传输参数:

$$A = \sqrt{R_{1OC}/(R_{2OC} - R_{2SC})}$$
$$B = R_{2SC} A$$
$$C = A/R_{1OC}$$
$$D = R_{2OC} C$$

(3) 级联等效二端口网络传输参数

级联后等效二端口网络也可以采用上述两种方法求得。从理论推导出级联后等效二端口网络与两个二端口网络的传输参数之间满足如下关系:

$$A = A_1 A_2 - B_1 C_2$$
$$B = B_1 D_2 - A_1 B_2$$
$$C = A_2 C_1 - C_2 D_1$$
$$D = D_1 D_2 - B_2 C_1$$

式中, A_1、B_1、C_1、D_1 和 A_2、B_2、C_2、D_2 分别为二端口网络 I 和二端口网络 II 的传输参数, A、B、C、D 为级联后二端口网络的传输参数。

5. 实验预习

(1) 复习无源线性二端口网络的传输方程。

(2)复习二端口网络传输参数,说出它的测量方法。
(3)复习级联等效二端口网络以及它的传输参数表达式。
(4)复习 R_{1OC}、R_{1SC}、R_{2OC}、R_{2SC} 的表达式。

6．课前检测

(1)写出无源线性二端口网络的传输方程。
(2)如果取消无源线性二端口网络的传输方程中的负号,那么图 4-56 所示电路应怎么修改?
(3)写出无源线性二端口网络"同时测量法"的传输参数的表达式。
(4)请详细说出无源线性二端口网络的传输参数的测量方法。
(5)以输出端口的电压和电流作为自变量,输入端口的电压和电流作为因变量的传输参数的测量方法是_____(a.唯一方法 b.方法之一)。
(6)用分别测量法测量计算 A、B、C、D 传输参数的表达式是唯一的吗?_____(a.是 b.不是)。
(7)级联等效二端口网络的传输参数测量方法为_____(a.只能用同时测量法 b.只能用分别测量法 c.两个都可以)。
(8)同时测量法和分别测量法的适用情况。
(9)分别写出输出端口开路和短路时输入端口等效输入电阻和输入端口开路和短路时输出端口等效输出电阻的表达式。
(10)请列出级联等效二端口网络的传输参数与两个二端口网络的传输参数之间的关系式。

7．课后思考

(1)如图 4-55 所示,电路的两个电源改为交流电源,可以用上述所列的公式计算传输参数吗?对两个交流电源是否有要求?
(2)二端口网络的外部特性与内部参数有关吗?
(3)二端口网络的传输参数与输入电压有关吗?表 4-24 的 U_{1OC} 改为 20V,所测的传输参数会改变吗?
(4)写出实验任务(2)的互易定理。
(5)求出如图 4-57 所示二端口网络的传输参数。

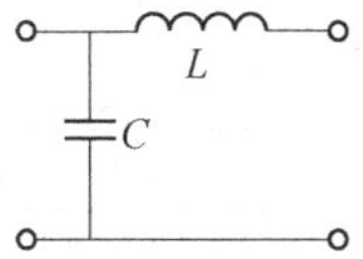

图 4-57 LC 电路图

实验 4.14 电感线圈参数的测量

1．实验目的

(1)掌握空心电感线圈和铁芯电感线圈的电路模型。
(2)了解空心电感线圈和铁芯电感线圈的电路模型的参数测试方法。
(3)了解空心电感线圈和铁芯电感线圈的电感量的特点。

2．实验任务

（1）如图 4-58 所示为空心电感线圈的电路模型，用交流法完成表 4-27 参数测量。

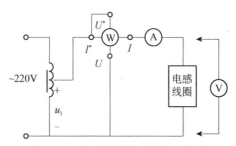

图 4-58 空心电感线圈的电路模型

表 4-27 空心电感线圈参数测量

	I_1/A	P_1/W	计算 R_1/Ω	计算 L_1/mH
U_1=10V				
	I_2/A	P_2/W	计算 R_2/Ω	计算 L_2/mH
U_2=20V				
计算 $\overline{R}/\Omega$				
计算 $\overline{L}$/mH				

（2）将图 4-58 中空心电感线圈替换成铁芯电感线圈（用 30W 日光灯的镇流器代替），测量条件见表 4-28，用交-直流测量法完成表 4-28 中数据的测量。

表 4-28 铁芯电感线圈参数测量

测量条件	$I_直$/mA	计算				
$U_直$=10V		$r=\underline{\quad}\Omega$				
	I_1/mA	P_1/W	R'_{Fe1}/Ω	$L'_{\mu 1}$/mH	R_{Fe1}/Ω	$L_{\mu 1}$/mH
$U_{交1}$=90V						
	I_2/mA	P_2/W	R'_{Fe2}/Ω	$L'_{\mu 2}$/mH	R_{Fe2}/Ω	$L_{\mu 2}$/mH
$U_{交2}$=180V						

3．实验设备

电工技术实验台 1 台；

空心电感线圈 1 只；

铁芯电感线圈（用 30W 日光灯的镇流器代替）1 只；

数字万用表 1 台；

单相智能型数字功率表 1 台；

粗、细导线若干。

4．实验原理

（1）空心电感线圈模型的参数测量

空心电感线圈的电路模型通常由一个线性电阻 R 和一个线性电感 L 串联组成，如图

4-59 所示。空心电感线圈模型的参数测量方法有以下两种。

① 交流法。在图 4-58 中，外加频率 50Hz 正弦交流电压（外加电压必须严格控制在 30V 以下），用交流表测得线圈电压有效值 U、电流有效值 I 和功率 P，利用式（4-25）和式（4-26）算出空心电感线圈模型参数 R 与 L。

$$P = I^2 R \tag{4-25}$$

$$\frac{U}{I} = \sqrt{R^2 + (\omega L)^2} \tag{4-26}$$

② 交-直流法。

● 用直流法测得空心电感线圈模型电阻 R 参数。

在图 4-60 所示电路中加入直流电压（外加电压必须严格控制在 30V 以下），空心电感线圈的电感忽略不计（模型中电感相当于短路），用直流表测得线圈电压 $U_直$ 和电流 $I_直$，则得到空心电感线圈模型的电阻 R 参数为

$$R = \frac{U_直}{I_直} \tag{4-27}$$

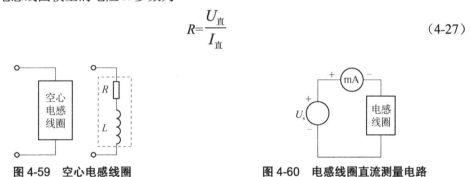

图 4-59　空心电感线圈　　　　　　图 4-60　电感线圈直流测量电路

● 用交流法测得空心电感线圈模型电感 L 参数。

在图 4-58 所示电路中加入频率 50Hz 正弦交流电压（外加电压必须严格控制在 30V 以下），用交流表测得线圈电压有效值 U 和电流有效值 I，根据式（4-26），结合式（4-27）可求出空心电感线圈模型的电感参数 L。

（2）铁芯电感线圈模型的交-直流法参数测量

铁芯电感线圈的电路模型通常由线性电阻、非线性电阻、线性电感、非线性电感组成，如图 4-61（a）和图 4-61（b）所示。日光灯电路中用到的镇流器，实际上是一个带有铁芯的电感线圈。

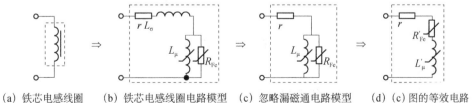

(a) 铁芯电感线圈　　(b) 铁芯电感线圈电路模型　(c) 忽略漏磁通电路模型　　(d) (c)图的等效电路

图 4-61　铁芯电感线圈

在忽略漏磁通（$L_\sigma \approx 0$）的前提下，通过直流和交流环境下的电压、电流和功率的测量，可推算出相应于电路工作点的铁芯电感线圈模型的参数。

① 用直流法测得铁芯电感线圈模型的线圈内阻 r。

图 4-61（c）所示，在直流电压作用下，电感 $L_\mu=0$，且不产生铁耗（$R_{Fe}=0$）。因此，在图 4-61 所示电路加入直流电压，测得直流电压 $U_直$ 和电流 $I_直$，得到铁芯电感线圈模型的线圈内阻 r 参数为

$$r = \frac{U_直}{I_直} \tag{4-28}$$

② 用交流法测得铁芯电感线圈模型的电感。

在图 4-61（d）中，外加 50Hz 正弦交流电压（外加电压必须严格控制在 200V 以下），用交流表测得线圈电压有效值 U、电流有效值 I 及消耗的功率 P，则如图 4-61（d）所示的等效电路，满足如下关系式

$$P = I^2(r + R_{Fe}') \tag{4-29}$$

$$\frac{U}{I} = \sqrt{(r + R_{Fe}')^2 + (\omega L_\mu')^2} \tag{4-30}$$

求式（4-28）、式（4-29）和式（4-30）联立的方程解，即可解出参数 r、R_{Fe}'、L_μ'。

根据图 4-61（c）和图 4-61（d）电路的等效关系，得出式（4-31），由此解出铁芯电感线圈模型 R_{Fe} 和 L_μ 参数

$$(R_{Fe} // j\omega L_\mu) = R_{Fe}' + j\omega L_\mu' \tag{4-31}$$

（3）线性电感和非线性电感

线性电感的电感量 L 不随工作点变化，它是一个常数，而非线性电感的电感量 L 随工作点变化。即当外加电压不同时，电感线圈上产生不同的电流，从而导致不同的磁链。线性电感的磁链与电流的比值不变

$$\frac{\psi_1}{I_1} = \frac{\psi_2}{I_2} = \cdots = L$$

所以对空心电感线圈的电感量可以进行均值化处理（见表 4-27）。

而非线性电感的电感量 L 的磁链与电流的比值是变化的。

$$\frac{\psi_1}{I_1} \neq \frac{\psi_2}{I_2} \neq \cdots$$

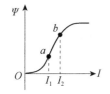

图 4-62 非线性电感参数曲线

如图 4-62 所示是非线性电感参数曲线，当外加电压工作于 $a\sim b$ 段时，比值近似于常数，如果此时 U_1 产生 I_1、U_2 产生 I_2，那么

$$\frac{\psi_1}{I_1} \approx \frac{\psi_2}{I_2}$$

即在允许误差下，$L_1 = L_2$。

5．实验预习

(1) 熟悉空心线圈和铁芯线圈的电路模型的区别。
(2) 空心电感线圈的参数是否随工作点变化？
(3) 忽略漏磁通电路模型的等效电路是怎样的？
(4) 铁芯电感线圈在两个相差较远的工作点上工作时，其参数是否相同？
(5) 对铁芯电感线圈参数均值化有何意义？

6．课后思考

（1）在交流电路中，纯电感线圈消耗的功率是无功功率还是有功功率？
（2）为什么加在电感线圈上的电压有一定的限制？
（3）为什么对每种电感线圈要测两组数据？
（4）用交流法能测出铁芯电感线圈的电路模型的电感量 L_μ' 吗？试说明。
（5）根据测试结果，得出空心电感线圈和铁芯电感线圈的电感量的特点。

实验 4.15　分压式共射极放大电路的研究

电压放大倍数及失真波形的实验操作

输入输出电阻测量实验操作

1．实验目的

（1）掌握共射极放大电路静态工作点的测试方法。
（2）掌握测量共射极放大电路的电压放大倍数的测量方法。
（3）掌握共射极放大电路输入、输出电阻的测量方法。
（4）观察静态工作点对放大电路输出波形失真的影响。

2．实验任务

（1）如图 4-63 所示为分压式偏置共射极单管放大电路，测量 U_{CEQ}、U_{BEQ}、I_{BQ}、I_{CQ}、β，填入表 4-29 中。

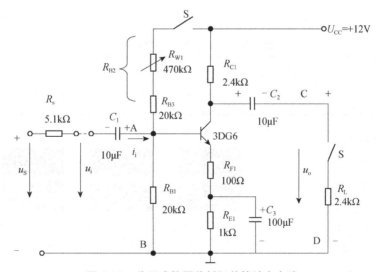

图 4-63　分压式偏置共射极单管放大电路

表 4-29　静态工作点的测试

用数字万用表直流电压挡实测/V					电阻挡实测/kΩ			用间接法计算电流值		
U_{CEQ}	U_{BEQ}	$U_{R_{B2}}$	$U_{R_{Bl}}$	U_{RC1}	R_{B2}	R_{B1}	R_{C1}	I_{CQ}/μA	I_{CQ}/mA	β
6V 左右										

（2）完成如图 4-63 所示电路的电压放大倍数（输出开路及负载 R_L=2.4kΩ）的测试，将测试数据填入表 4-30 中。

表 4-30 电压放大倍数的测量（用数字交流毫伏表或数字示波器测量电压）

输入信号 u_i	R_L	输入电压测量/V	输出电压测量/V	电压放大倍数 A_u
加入正弦交流信号 f=10kHz，有效值为 60mV 左右	∞	U_i=	U_{OC}=	$A_{u∞}$=-U_{OC} / U_i
	2.4kΩ	U_i=	U_{OL}=	A_u=-U_{OL} / U_i
$A_{u∞}$相对误差		$A_{u∞}$理=？ 相对误差=？		

（3）改变静态工作点，观察并记录图 4-63 放大电路的两种失真现象，然后填入表 4-31 中。

表 4-31 输出电压失真波形观测

	失　真	
R_{W1}/kΩ	电阻较大时 R_{B2}=	电阻较小时 R_{B2}=
U_{CEQ}/V	≥11V	≤1V
失真类型	截止失真，U_{CEQ}=	饱和失真，U_{CEQ}=
u_o 波形		

（4）测量放大器的输入、输出电阻。

加入 U_s 正弦波信号（接入 R_s 电阻），使得信号频率为 10kHz，U_s 有效值≈60mV，测量数据并填入表 4-32 中。根据测量数据，代入实验原理中的公式，计算输入、输出电阻即可。

表 4-32 输入、输出电阻的测试

U_s/mV	U_i/mV	r_i/kΩ		U_{OC}/mV（负载开路）	U_{OL}/mV（R_L=2.4 kΩ）	r_o/kΩ	
		测量值	理论计算值			测量值	理论计算值

3．实验设备

模拟电路实验箱一台；
数字示波器一台；
任意波形发生器一台；
数字交流毫伏表一台；
数字万用表一台。

单管放大电路的幅频特性测量

单管放大电路的静态工作点测量

单管放大电路放大倍数测量

4．实验原理

（1）静态工作点

对于三极管电压放大电路来说，至关重要的一点就是必须设置合适的静态工作点，保证三极管工作在线性区，以实现对输入信号的不失真放大。通常，总是将静态工作点调整在放大器交流负载线的中点，以获得最大不失真输出的动态范围。当然，若输入信号幅度较小，为了降低静态功耗，也可将静态工作点设置得低一些。静态工作点的高低与电源电

压及电路参数 R_C、R_B 等有关。如图 4-63 所示，电压放大电路的作用是不失真地放大电压信号。由于双极晶体管是非线性元器件，当晶体管工作在非线性区时，将产生波形失真现象。为此，必须给放大电路设置合适的静态工作点。静态工作点主要取决于基极偏置电流 I_B。一般，在调试中总是通过改变基极偏置电阻 R_{W1} 来调整静态工作点，当增大 R_{W1} 时，I_B、I_C 将减小，U_{CE} 升高，Q 点下降，这时容易出现截止失真。反之，Q 点上升，容易出现饱和失真。合适的静态工作点，就是在一定限度的输入信号下，以既不出现截止失真也不出现饱和失真为标准。对于静态工作点，在实际测量时，仅用直流电压表（数字万用表）即可测算出其相关参数和电流放大系数。如图 4-63 所示，可用间接测量的方法测量出静态工作点相关参数。

即

$$I_{BQ}=\frac{U_{R_{B2}}}{R_{B2}}-\frac{U_{R_{B1}}}{R_{B1}}, \quad I_{CQ}=\frac{U_{R_{C1}}}{R_{C1}}, \quad \beta=I_{CQ}/I_{BQ} \tag{4-32}$$

（2）动态参数

三极管电压放大电路的动态参数指标主要有电压放大倍数 A_u、输入电阻 r_i 和输出电阻 r_o。对于图 4-63 所示的分压式可调偏置单级放大电路而言，当接有负载 R_L 时，其电压放大倍数为

$$A_u=-\beta\frac{R_{C1}//R_L}{r_{be}+(1+\beta)R_{F1}} \tag{4-33}$$

改变 R_{C1} 或 R_L 值，均可改变 A_u（当三极管参数一定时）。

输入电阻 r_i 是从图 4-63 中 A、B 两端输入的等效电阻，即 $r_i=u_i/i_i$，或者采用换算法，即由于 i_i 较小，直接测量有困难，故实验中可在输入端接入一个电阻 R_s（可取 5.1kΩ），如图 4-64 所示，用数字交流毫伏表分别测量 U_s 与 U_i 的有效值，即可计算输入电阻 r_i

$$r_i=\frac{U_i}{U_s-U_i}R_s \tag{4-34}$$

还应当指出的是 U_s 不应取得太大，否则晶体管工作在非线性状态，使测量误差较大，通常在输出波形不失真的情况下测量，为了保证测量的准确度，还应注意 R_s 值的选取，一般使 R_s 接近于 r_i 值为宜，取值太大或太小都将带来较大的测量误差。

输出电阻 r_o 是从图 4-63 中 C、D 两端输入的等效电阻，在 C、D 两端接入一个 R_L 电阻作为负载如图 4-65 所示，选择合适的 R_L 值使放大器输出不失真（接数字示波器监测其输出波形）。首先测量放大器的开路输出电压 U_{OC}，再测量放大器接入已知负载 R_L 时的输出电压 U_{OL}，则输出电阻为：

$$r_o=(\frac{U_{OC}-U_{OL}}{U_{OL}})R_L=(\frac{U_{OC}}{U_{OL}}-1)R_L \tag{4-35}$$

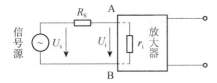

图 4-64 输入电阻测量

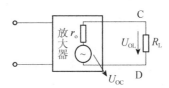

图 4-65 输出电阻测量

5．实验预习

（1）如图 4-63 所示，假设 3DG6 的 $\beta=80$，$R_{B1}=20\text{k}\Omega$，$R_{B2}=60\text{k}\Omega$，$U_{CEQ}\approx 6\text{V}$，$R_{C1}=2.4\text{k}\Omega$，$R_L=2.4\text{k}\Omega$。请在实验前计算放大器的静态工作点，电压放大倍数 A_u（负载开路）、输入电阻 r_i、输出电阻 r_o 的值。

（2）建立晶体管放大电路非线性失真的感性认识，了解设置静态工作点对晶体管放大电路的影响。

（3）测量静态工作点时，由于 U_{CEQ} 是指放大电路中晶体管静态工作点的一个重要取值变量，由直流电源 U_{CC} 产生，是直流量。测量时应在断开输入信号的前提下，用数字万用表的直流电压挡进行测量；测量 I_{BQ} 和 I_{CQ} 时，可采取间接测量的办法，通过测量直流电压和电阻计算电流实现，其计算方法参见上述实验原理。

（4）完成本实验过程需注意以下几点。

① 测试电路最佳静态工作点时，数字万用表置于直流电压挡，测量三极管的集电极（c）与发射极（e）两点电压，调节放大电路的可变上偏置电阻 R_{W1}（470kΩ）的电阻，使得 $U_{CEQ}=\frac{1}{2}U_{CC}\approx 6\text{V}$ 左右（静态工作点处在交流负载线的中点上）。

② 表 4-29 中测量电阻 R_{B2} 时，必须断电（将+12V 电源去除），断开开关 S，即需要在断电且断开回路的前提下，用数字万用表的电阻挡才可测量电阻，否则测量误差很大。

③ 数字万用表和数字交流毫伏表、数字示波器是此项实验任务的主要测量仪器；数字万用表用于测量电阻和直流电压，数字交流毫伏表用于测量输入信号、输出信号的有效值（U_i、U_o）。示波器用于观察放大器的输入、输出电压波形，并可测量输入、输出信号的有效值或最大值。在测量时应特别注意将仪器的所有地线和被测电路的地线连接在一起，形成系统的参考地电位，这样才能保证测量结果的正确性。

④ 在进行测量放大器的 U_i、U_o 时，应用数字示波器监控电路的输入、输出信号，以保证输入、输出信号电压不失真。

⑤ 在测试 A_u、r_i、r_o 时，要合理选择输入信号的大小和频率，一般 $f=1\sim 10\text{kHz}$，$U_i=30\sim 60\text{mV}$，其中输入信号幅度不易过大。

⑥ 测量电路放大倍数时，寻找放大器的最大动态范围。

用数字示波器监测放大电路输出 u_o 波形的变化。当 R_{W1} 调到某一位置时（$U_{CEQ}\approx 6\text{V}$ 左右），若加大正弦输入信号幅度能使输出 u_o 波形正负两半波同时出现失真，而减小正弦输入信号幅度又能使输出正负两半波的失真同时消失，则说明此时的静态工作点已基本处于放大器交流负载线的中点，放大器的动态范围已趋向最大。保持最大动态范围下的 R_{W1} 值不变，用数字示波器（Y 轴输入耦合方式置于 AC 位置）同时观察 u_i 和 u_o 的波形（观测前，两波形的零电位线应重合），并比较输入输出相位（两者刚好反相 180°）。

⑦ 观察波形失真时，在放大器输入端加入频率为 10kHz 正弦波信号（不接入 R_S 电阻），输入信号 u_i 有效值为 60 mV 左右，放大电路不接负载，调节电位器 R_{W1} 接近最小，可用数字万用表直流电压挡检测 $U_{CEQ}\leq 1\text{V}$ 与 $U_{CEQ}\geq 11\text{V}$ 两种情况，用示波器观察放大器输出电压 u_o 的波形，直至 u_o 的负半周或正半周产生较明显的失真为止。

（5）测量值 U_{CEQ}、正弦输入信号有效值 U_i、输出信号峰峰值 U_{OPP} 有何区别？分别用什么电子仪器实现测量？

（6）按照设计要求调试放大电路的静态工作点并研究电路参数直流工作电压 U_{CC}、发射极电阻 R_e 的变化对静态工作点的影响，总结其规律。

6．课前检测

（1）如图 4-63 所示电路，调节最佳静态工作点的 U_{CEQ} 应为（　　）。

① $U_{CEQ}=11V$　　　　　　② $U_{CEQ}=1V$　　　　　　③ $U_{CEQ}\approx 6V$

（2）测量放大电路的电压放大倍数时，直流工作电压+12V 是否工作？（　　）

① 不加入直流电压+12V　　② 应加入直流电压+12V

（3）接线有错误的放大电路如图 4-66 所示，该电路错误之处是（　　）。

① 电源电压极性接反

② 基极电阻 R_B 接错

③ 耦合电容 C_1，C_2 极性接错

（4）分压式偏置单管放大电路的输出电压饱和失真、截止失真波形是（　　）。

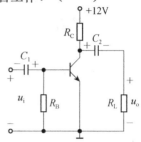

图 4-66　三极管放大电路

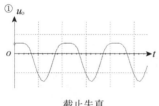

截止失真　　　　　　　　　　饱和失真

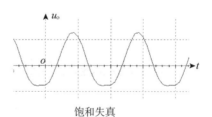

截止失真　　　　　　　　　　饱和失真

（5）如图 4-63 所示电路，调节上偏置电路的电阻，输出电压波形饱和失真时，R_{B2} 的阻值应为（　　）。

① $R_{B2}=\infty$　　　　　　② $R_{B2}\approx 20k\Omega$ 左右　　　③ $R_{B2}\approx 300k\Omega$ 左右

（6）如图 4-63 所示电路，调节上偏置电路的 R_{W1} 电阻，输出电压波形截止失真时，R_{B2} 的阻值应为（　　）。

① $R_{B2}=\infty$　　　　　　② $R_{B2}\approx 20k\Omega$ 左右　　　③ $R_{B2}\approx 300k\Omega$

（7）如图 4-63 所示电路，测量放大电路的电压放大倍数时，输入交流信号电压的幅值范围应为（　　）。

① 50～100mV 数量级　　　　② 1V 数量级　　　　　　　③ 没有要求

(8) 如图 4-63 所示电路，上偏置电路的电阻 $R_{B2}=0$ 时，放大电路处于（　　）。
① 深度饱和失真　　　　　② 截止失真　　　　　③ 不失真

(9) 如图 4-63 所示电路，电压输出波形饱和失真或截止失真时，测量 U_{CEQ} 的值使用的仪器是（　　）。
① 数字万用表的 DC 挡　　② 数字万用表的 AC 挡　　③ 数字交流毫伏表

(10) 如图 4-63 所示电路，准确测量上偏置电路的电阻 R_{B2} 时，应将（　　）。
① +12V 电源除去　　② 开关 S 断开　　③ +12V 电源除去，且开关 S 断开

7．课后思考

(1) 如图 4-63 所示电路，R_{W1} 支路为何要串接一个固定电阻？如果直接用电位器，会出现什么现象？

(2) 如何正确选择放大电路的静态工作点，调试中应注意什么？

(3) 负载电阻变化对放大电路的静态工作点有无影响？

(4) 如图 4-63 所示，电容 C_3 出现虚焊断开现象，对电路的电压放大倍数有影响吗？

(5) 在保证输出电压不失真的情况下，静态工作点的变化对放大电路的动态参数有无影响？为什么？

实验 4.16　运算放大器的线性应用

μA741 器件好坏判断

1．实验目的

(1) 深入理解集成运算放大器工作于线性区的条件与特点。
(2) 掌握使用运算放大器设计实现比例、加减运算等电路的基本方法。

2．实验任务

(1) 判断运算放大器工作是否正常，画出实验线路图。用数字万用表将测量数据记录于表 4-33 中，并得出实验结论。

表 4-33　运算放大器好坏检测

u_i/V	u_o/V
+5	
−5	

(2) 根据模拟电路实验箱上的元器件，设计一个实现同相比例 $u_o=3u_i$ 的运算电路，并要求：
① 采用带有"调零"功能的运算放大器，设计电路，对该电路进行调零。
② 测量输入输出电压，填入表 4-34，画出电路的电压传输特性曲线。

表 4-34　$R_1=$　　kΩ, $R_2=$　　kΩ, $R_F=$　　kΩ

u_i/V	-4.0	负拐点	-3.0	-2.0	-1.0	-0.5	0	+0.5	+1.0	+2.0	+3.0	正拐点	+4.0
u_+/V													
u_-/V													
u_o/V													
$u_{o测}$/V													
误差													

（3）根据模拟电路实验箱上的元器件，设计一个实现反相比例 $u_o=-4u_i$ 的运算电路。自行设计表格，完成相应测试，画出电路的传输特性曲线。

（4）根据模拟电路实验箱上的元器件，设计用单个运算放大器实现反相加法器的运算电路 $u_o=-(2u_{i1}+3u_{i2})$，自行设计表格，见表 4-35，并完成相应测试。

表 4-35　$R_1=$　　kΩ, $R_2=$　　kΩ, $R_3=$　　kΩ, $R_F=$　　kΩ

u_{i1}/V	-1.0	+2.0	-2.0	-3.0
u_{i2}/V	+1.0	+1.0	+2.0	+3.0
u_-/V				
u_o/V				
$u_{o测}$/V				
误差				

（5）根据模拟电路实验箱上的元器件，设计用单个运算放大器实现减法器的 $u_o=2u_{i1}-5u_{i2}$ 的运算电路，自行设计表格完成相应测试。

（6）根据模拟电路实验箱上的元器件，设计用 2 个以上运算放大器实现加减法器的 $u_o=2u_{i1}-5u_{i2}+3u_{i3}$ 的运算电路，自行设计表格完成相应测试。

3．实验设备

模拟电路实验箱 1 套；
数字万用表 1 台；
导线若干。

运放设计案例

运放实例及调零

运放实验原理

4．实验原理

集成电路运算放大器通常都具有极高的差模电压增益，欲使其稳定工作于线性状态，必须加入深度负反馈，否则它必将工作于非线性状态。

（1）反相比例运算电路

如图 4-67（a）所示是在集成运算放大器中引入了电压负反馈的电路，图 4-67（b）则是其理想化后的闭环电压传输特性。由此可见，假设闭环电压放大倍数 $A_{uf}=2$，输入电压 u_i 不超出 -5～+5V 的范围，则运放将稳定工作于线性区；当 u_i 超出线性范围时，集成运放将进入饱和状态，输出保持为最大值不变（其大小取决于电源电压）。对于这一点，有时容易忽视甚至误解，以为在集成运放中加入负反馈后，其输出就会随输入而无限增加，这是必须注意的。

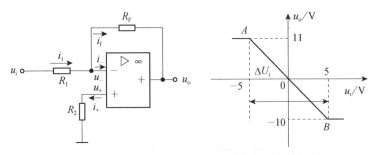

(a) 引入电压负反馈集成运放电路　　(b) 闭环电压传输特性

图 4-67　反相比例运算放大器

对于理想运算放大器，当它工作于线性状态时具有两个十分突出的特点：其一是"虚断"，即 $i_+ \approx i_- = 0$；其二是"虚短"，即 $u_+ \approx u_-$（在反相输入同相接地电路中，因 $u_+ = 0$，故"虚短"又可称为"虚地"）。不管电路结构如何复杂，均可根据这两个特点推导出输出与输入之间的函数关系。如在图 4-67（a）中，由于 $i_+ \approx i_- = 0$，$u_+ = 0$，故它的输出电压与输入电压之间的关系为

$$i_1 \approx i_f,\ u_+ \approx u_- = 0$$

$$i_1 = \frac{u_i - u_-}{R_1} = \frac{u_i}{R_1},\quad i_f = \frac{u_- - u_o}{R_F} = -\frac{u_o}{R_F}$$

由此得出

$$u_o = -\frac{R_F}{R_1} u_i$$

$$A_{uf} = \frac{u_o}{u_i} = -\frac{R_F}{R_1} \tag{4-36}$$

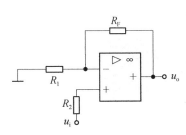

图 4-68　同相比例运算放大器电路

如图 4-67（a）所示中 R_2 是平衡电阻，其作用是保证运算放大器保持运放输入级电路的对称性，其阻值等于反相输入端对地的等效电阻，即

$$R_2 = R_1 // R_F$$

如图 4-67（b）所示是反相比例运算放大器的闭环电压传输特性曲线。

（2）同相比例运算电路

同相比例运算放大器电路如图 4-68 所示，它的输出电压与输入电压之间的关系为

$$u_o = (1 + \frac{R_F}{R_1}) u_i \tag{4-37}$$

平衡电阻取值

$$R_2 = R_1 // R_F$$

（3）反相加法运算电路

反相加法运算电路如图 4-69 所示，它的输出电压与输入电压之间的关系为

$$u_o = -(\frac{R_F}{R_1} u_{i1} + \frac{R_F}{R_2} u_{i2}) \tag{4-38}$$

$$R_3 = R_1 // R_2 // R_F$$

（4）差动放大电路（减法器）

差动放大电路如图 4-70 所示，它的输出电压与输入电压之间的关系为

$$u_o = (1+\frac{R_F}{R_1})\frac{R_3}{R_2+R_3}u_{i2} - \frac{R_F}{R_1}u_{i1} \qquad (4-39)$$

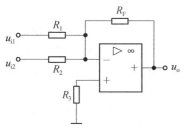
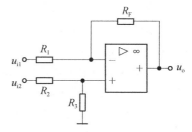

图 4-69 反相加法运算电路　　　　　　图 4-70 差动放大电路

实际运放与理想运放之间总存在一定的差异，故在实际使用中常采用一些措施以减小它的误差，提高其运算精度。经常采用的一个措施是加入平衡电阻 R，以保证实际运放的反相与同相输入端对地的等效电阻相等，从而使其处于对称与平衡工作状态，减小由输入偏置电流引入的误差；其次是调零。由于输入失调的存在，运放在输入为零时输出并不为零。因此，除具有自动稳零功能的运放外，一般均需外接调零电路。当运放设有专用的调零端子时，可由外部接入调零电位器进行调零，如图 4-71 所示；另外是防自激，运放在使用中有时会产生自激，此时即使 $u_i=0$，也会产生一定的交流输出，使运放无法正常工作。消除自激的办法是在电源端加接去耦电容或增设电源滤波电路。同时应尽可能减小线路、元器件间的分布电容，对于具有补偿引脚的集成运放元器件，还可接入适当的补偿电容。

（5）判断运算放大器的好坏

利用运算放大器比较器特性，如图 4-72 所示，将运算放大器接成过零电压比较器，当开关 K 接至+5V 电压时，即 $u_+<u_-$ 时，测试输出电压 u_o 应为−10V 左右；将开关 K 接至−5V 电压时，即 $u_+>u_-$ 时，测试输出电压 u_o 应为+11V 左右；这表明运算放大器是好的。反之，运算放大器已损坏。

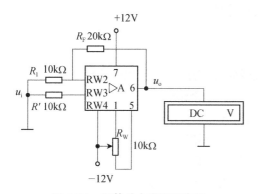
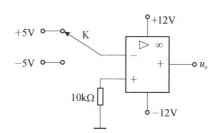

图 4-71 运算放大器调零电路　　　　图 4-72 判断运算放大器元器件好坏的实验电路

5．实验预习

（1）在实验室里使用运算放大器时，必须检测该元器件是否正常。

（2）充分理解运算放大器输出电压的饱和极限。

运算放大器可以放大直流信号，并可获得正、负两种极性的输出电压。但由于其工作电源的电压取值有限，输出电压不可能无限地增加。例如uA741型运算放大器，其工作电源±12V，则输出电压的上限值约为11V，下限值约为-10V。

（3）查找并画出运算放大器 uA741 引脚图。

（4）所求电路的电压传输特性曲线应包括线性部分与非线性部分。为了得到电路的电压传输特性曲线的非线性部分，在实验过程中应注意哪些事项，并理解此时 u_- 与 u_+ 的关系。

（5）复习集成运算放大器线性应用，掌握四种（反相比例、同相比例、反相加法、减法器）基本运算电路的典型结构。

（6）掌握理想运算放大器在线性应用时的两个重要特点（虚断、虚短）。

（7）使用运算放大器时，必须接直流工作电源。因此本实验进行时，模拟电路实验箱的电源±12V开关必须打开，给集成运放加入直流工作电压，并且±5V直流工作电源开关也须打开，以提供输入直流信号电压。

6．*课前自测*

（1）同相比例运算放大器工作于线性区，如图4-68所示，正确的说法是（　　）。

① $u_+ = u_-$　　　　② $u_+ > u_-$　　　　③ $u_+ < u_-$

（2）反相比例运算放大器工作于线性区，如图4-67所示，正确的说法是（　　）。

① $u_+ > u_-$　　　　② $u_+ = u_- = 0V$　　　　③ $u_+ < u_-$

（3）反相比例运算放大器如图4-67所示，虚地点是（　　）。

① 同相输入点　　　　② 反相输入点　　　　③ 运放输出端

（4）用运算放大器设计 $u_o = -4u_i$，当输入 $u_i = 5V$，输出电压 $u_o = $（　　）。

① $u_o = +10V$ 左右　　　　② $u_o = -20V$　　　　③ $u_o = -10V$ 左右

（5）反相加法运算电路有虚地点吗？（　　）

① 无虚地点　　　　②有虚地点　　　　③ 可有，可无

（6）平衡电阻的作用是（　　）。

① 保证运算放大器保持运放输入级电路的对称性

② 起到虚断的作用

③ 起到虚短的作用

（7）运算放大器调零电路过程中，为了保证精确，万用表的量程应选择（　　）。

① 20V　　　　② 200V　　　　③ 200mV

（8）理想运算放大器电路，差模输入电阻具有（　　）。

① 为 0　　　　② 无穷大∞　　　　③ 不确定

（9）理想运算放大器电路，工作于线性状态的特点是（　　）。

① 虚断　　　　② 虚短　　　　③ 虚断与虚短

（10）要使运算放大器工作在线性区，通常（　　）。

① 引入深度负反馈　　② 引入深度正反馈　　③ 反馈电阻为无穷大

7. 课后思考

（1）试说明反相、同相比例运算放大器电路的平衡电阻作用？如何取值？

（2）试说明图 4-69 中的虚地点是哪一点？

（3）在图 4-68 中，输入端接地后，用电压表测量出电压 u_o 等于电源电压值，说明电路发生了什么问题？

（4）在图 4-68 中，请画出调零电位器的接线图，并说明实现调零的步骤。

（5）试总结反相、同相比例运算放大电路在线性区 u_+ 与 u_- 的数值分别为多少？

实验 4.17 组合逻辑电路设计

中规模集成电路案 中规模集成电路的应用

组合逻辑电路设计案例 1 组合逻辑电路设计案例 2

1. 实验目的

（1）掌握基本门电路的逻辑功能测量。

（2）了解门电路的控制作用。

（3）初步掌握利用小规模集成逻辑芯片设计组合逻辑电路的一般方法。

（4）熟悉组合逻辑电路设计与测试过程。

（5）学会如何自查设计电路出现的故障。

2. 实验任务

（1）完成"与非门"（74LS00 或 74HC00）逻辑功能的测量，自行列表并用示波器验证门电路的控制作用，画出电压输入、输出波形得出实验结论。

（2）用 1 片 74LS00 芯片组成"异或"门、用 2 片 74LS00 芯片组成"同或"门，并进行电路逻辑功能的测试。

（3）设计电路，验证摩根定律 $Y = \overline{AB} = \overline{A} + \overline{B}$ 与 $Y = \overline{A+B} = \overline{A} \cdot \overline{B}$。

（4）实现自动传输线中停机与告警控制电路设计。

某自动传输线由三条传送皮带串联而成，各传送皮带均由一台电机拖动。自物料起点至终点，这三台电机分别设为 A、B、C。为了避免物料在传输途中堆积于传送皮带上，要求：A 开机则 B 必须开机，B 开机则 C 必须开机，否则，应立即停机并发出告警信号。试用最少的"与非"门（选用 74LS00）及"非"门（选用 74LS04）设计具有停机与告警功能（用 LED 显示）的控制电路（用高电平表示停机与告警），自行列表测试。

（5）实现自备电站中发电机启停控制电路设计。

某工厂有三个车间和一个自备电站，站内有两台发电机 X 和 Y，Y 的发电量是 X 的两倍，如果一个车间开工，启动 X 就可满足要求；如果两个车间同时开工，启动 Y 就可满足要求；若三个车间同时开工，则 X 和 Y 都应启动，试用"异或"门（74LS86）、"与或非"门（74LS54 或 7454）及"非"门（74LS04）设计一个控制 X（用"异或"门实现）和 Y（用"与或非"和门"非"门实现）的启停电路。

（6）设计一个二进制全加器。要求用一片 74LS38 译码器及一片 74LS20 "与非"门实现（或者用 74LS151 数据选择器实现）。

3．实验设备

数字电路实验箱 1 台；
数字示波器 1 台；
数字万用表 1 台；
集成块若干。

138 芯片介绍　　151 芯片介绍　　SP1641B 函数信号发生器

4．实验原理

（1）集成块引脚的识别

首先要求集成块放置位置必须正确，集成块的左边有一个半圆的小缺口，其引脚的顺序是从它的左边下方起数，逆时针从下排数到上一排。输入双二"与非"门 74LS20，该集成块内含有两个互相独立的"与非"门，每个"与非"门有 4 个输入端。74LS20 "与非"门外封装图及引脚排列如图 4-73 所示。

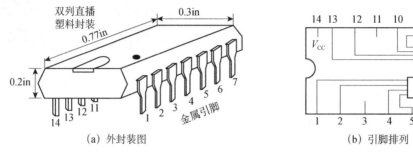

(a) 外封装图　　　　　　　　　　(b) 引脚排列

图 4-73　74LS20 "与非"门外封装图及引脚排列

（2）集成门电路类型

为了便于实现各种不同的逻辑函数，在集成门电路产品中有"非"门、"与"门、"或"门、"与非"门、"或非"门、"与或非"门和"异或"门等。其表达式、逻辑符号、特点见表 4-36。

表 4-36　常用集成门电路

名称	表达式	逻辑符号	特点
"与"门	$F=AB$	$A,B \rightarrow \& \rightarrow F$	有 "0" 出 "0" 全 "1" 出 "1"
"或"门	$F=A+B$	$A,B \rightarrow \geqslant 1 \rightarrow F$	有 "1" 出 "1" 全 "0" 出 "0"
"非"门	$F=\overline{A}$	$A \rightarrow 1 \rightarrow F$	有 "0" 出 "1" 有 "1" 出 "0"
"与非"门	$F=\overline{AB}$	$A,B \rightarrow \& \rightarrow F$	有 "0" 出 "1" 全 "1" 出 "0"
"或非"门	$F=\overline{A+B}$	$A,B \rightarrow \geqslant 1 \rightarrow F$	有 "0" 出 "1" 有 "1" 出 "0"
"异或"门	$F=A \oplus B$	$A,B \rightarrow =1 \rightarrow F$	相同出 "0" 不同出 "1"

(3) 门的控制作用

门电路在使用中常将某一输入端作为控制端，使该门始终处于"开启"或"关门"状态。例如，在表 4-36 "与非"门中，若在 B 端加上高电平而在 A 端加入方波信号，则门开启，方波信号就可顺利地传输到输出端（反相于输入信号）。反之，若在 B 端加上低电平，则门关闭，A 端的信号就不能传送至输出端，输出恒为高电平。B 端的这种作用称为控制作用，B 端就称为控制端。在集成电路中，经常利用控制端来选通整个芯片，称为片选端，通常记作 CS（Chip Select）；或称使能端，记作 EN（Enable）。

(4) TTL 元器件的使用规则

① TTL 集成块电源使用 U_{CC} 范围为+4.5～+5.5V，实验中要求 U_{CC}=+5V。电源极性绝对不允许接错。

② TTL 集成块闲置输入端处理方法：悬空相当于逻辑"1"，对于一般小规模集成电路的数据输入端，实验时允许悬空处理（但必须注意逻辑关系），但易受外界干扰，导致电路的逻辑功能不正常。因此，对于接有长线的输入端，中规模以上的集成电路和使用集成电路较多的复杂电路，所有控制输入端必须按逻辑要求接入电路，不允许悬空。

③ TTL 集成块输出不允许并联使用（集电极开路门 OC 和三态输出门电路除外），否则不仅会使电路逻辑功能混乱，并会导致元器件损坏。

(5) CMOS 元器件的使用规则

① CMOS 门集成块电源电压 U_{DD} 的范围较宽，在+3～+18V 都可以使用。

② 电源电压不能接反，规定 U_{DD} 接电源正极，U_{SS} 接电源负极（通常接地）。

③ 输入端的连接，输入端的信号电压应为 $U_{SS} < U_I < U_{DD}$，超出该范围会损坏元器件内部的保护二极管或绝缘栅级，可在输入端串接一只限流电阻（10～100kΩ）。所有多余的输入端不能悬空，应按照逻辑要求直接接 U_{DD} 或 U_{SS}（地），工作速度不高时允许输入端并联使用。

(6) 使用中小规模集成芯片设计实现组合逻辑电路的一般步骤

① 进行逻辑抽象。根据给定的因果关系列出逻辑真值表。

② 写出逻辑函数式。为便于对逻辑函数进行化简和变换，需要把真值表转换为对应的逻辑函数式。

③ 选定元器件的类型。应该根据对电路的具体要求和元器件的资源情况决定采用哪一种类型的元器件。

④ 将逻辑函数化简或变换成适当的形式。在使用中规模集成的常用组合逻辑电路设计时，需要把函数式变换成与所用元器件的逻辑函数式相同或类似的形式，以便能用最少的元器件和最简单的连线接成所要求的逻辑电路。

⑤ 画出总体逻辑电路图。

(7) 组合逻辑电路中的竞争冒险现象

① 险象及其产生原因。组合电路设计过程是在理想情况下进行的，即假设一切元器件均没有延时效应，但实际上并非如此。实际电路中的门电路都存在延时，信号经不同路径

到达某点时会产生时差，这种时差现象称为竞争。竞争现象可能使电路产生暂时性的错误输出，虽然待信号稳定后错误大多会消失，但仍会导致工作不可靠，有时会导致永久性的错误。这种由竞争产生的错误输出，称为组合逻辑电路的险象。

② 消除竞争冒险的方法。加封锁脉冲，加选通脉冲，接入滤波电容，修改逻辑设计，在卡诺图中将相切的部分用包围圈连接起来，增加校正项，可消除险象。

5．实验预习

（1）认真阅读并理解实验原理。

（2）查找设计中使用芯片的引脚图。

（3）设计实验方案，画出逻辑电路图，逻辑函数表达式要有具体的化简过程，完成实验任务。

（4）列出实验任务的设计过程、真值表，画出卡诺图，根据给定芯片设计完整的逻辑电路图。

（5）对所设计的电路进行仿真、实验测试，记录测试结果。

6．课前自测

（1）晶体管作为开关使用时，须使三极管工作在（　　）状态。

① 放大与截止　　② 放大与饱和　　③ 饱和与截止　　④ 放大、截止、饱和

（2）"与非"门的一个输入端接方波，其余端在什么状态下允许脉冲通过？（　　）

① 接"1"　　② 接"0"　　③ 接"1"与接"0"均可

（3）"与非"门的逻辑功能是（　　）。

① 有 0 出 1、有 1 出 1　　　　　② 有 0 出 1、全 0 出 0

③ 有 0 出 1、全 1 出 0　　　　　④ 全 0 出 1、有 1 出 0

（4）TTL 集成芯片的电源工作电压 U_{CC} 是（　　）。

① +12V　　② +5V　　③ +12V 与+5V 均可

（5）"或非"门的逻辑功能是（　　）。

① 有 0 出 1、有 1 出 1　　　　　② 有 0 出 1、全 0 出 0

③ 有 0 出 1、全 1 出 0　　　　　④ 全 0 出 1、有 1 出 0

（6）如果"与非"门输出端输出的是高电平，驱动发光二极管点亮，此时发光二极管应接（　　）。

① 共阳极　　② 共阴极　　③ 共阳极与共阴极均可

（7）如果"与非"门输出端输出的是低电平，驱动发光二极管点亮，此时发光二极管应接（　　）。

① 共阳极　　② 共阴极　　③ 共阳极与共阴极均可

（8）组合逻辑电路消除竞争冒险的方法有（　　）。

① 修改逻辑设计　　　　　② 在输出端接入滤波电容

③ 后级加缓冲电路　　　　④ 屏蔽输入信号的尖峰干扰

（9）芯片"与"或"非"门 74LS54 与 74HC54 的不同是（　　）。

① 74LS54 是 2-3-3-2 输入的"与"或"非"门，74HC54 是 2-2-2-2 输入的"与"或"非"门
② 74HC54 是 2-2-2-2 输入的"与"或"非"门，74LS54 是 2-3-3-2 输入的"与"或"非"门
③ 两者功能不同

（10）逻辑图和输入 A、B 的波形如下图所示，分析当输出 F 为"0"的时刻应是（　　）。

① t_1　　　② t_2　　　③ t_3

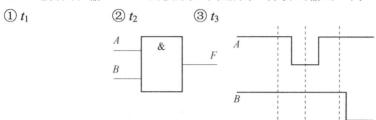

7．课后思考

（1）怎样判断门电路逻辑功能是否正常？如果将"与非"门作为"非"门使用，它们的输入端应如何连接？

（2）"与非"门一个输入端接连续脉冲，其余端在什么状态时允许脉冲通过？在什么状态时禁止脉冲通过？

（3）为什么"与非"门、"或非"门的输出端不能并联使用？两个什么样的门电路输出端可以直接互连实现"与"的逻辑功能？

（4）CMOS 门电路多余的输入端在使用时不允许悬空，其理由是什么？TTL"与非"门悬空相当于输入什么电平？为什么？

（5）在利用小规模集成芯片进行逻辑设计时，是否一定要将逻辑关系化到最简形式？为什么？

（6）对于"与或非"门来说，多出的"与"门如何处理？对于"与"门中多出的输入端又如何处理？

（7）用 2 输入"与非"门电路实现 $F=AB+CD$，写出表达式并画出逻辑电路图。

实验 4.18　计数器

计数与显示实验　　计数与显示实验
　　操作　　　　　　　理论

1．实验目的

（1）了解常用计数器的基本概念和一般构成方法。
（2）熟悉中规模计数器的功能表及使用方法。
（3）学会常见计数器的基本应用及故障排除。

2．实验任务

（1）自行列表完成四位二进制加计数器 74LS161 的逻辑功能测试（包括清零、同步预置数、加计数、保持）。

（2）用一片 74LS161 实现一个十进制带显示的计数器，并用示波器观测输入 CP 脉冲及输出波形。

（3）设计用 2 片 74LS161 计数器实现一个带显示的 12 进制计数器。

（4）设计用 2 片 74LS161 计数器实现一个带显示的 60 进制计数器。

3．实验设备

数字电路实验箱 1 台；

数字示波器 1 台；

数字万用表 1 台；

集成电路若干。

4．实验原理

生活中常需要将计数脉冲值直观地显示出来，它的实现一般经过了下面几个步骤，如图 4-74 所示。8421BCD 码表示的脉冲信号由计数器输出，经译码器译码输出相应的脉冲信号，输出的脉冲信号通过显示器显示出相应的数字。

图 4-74 计数、译码、显示

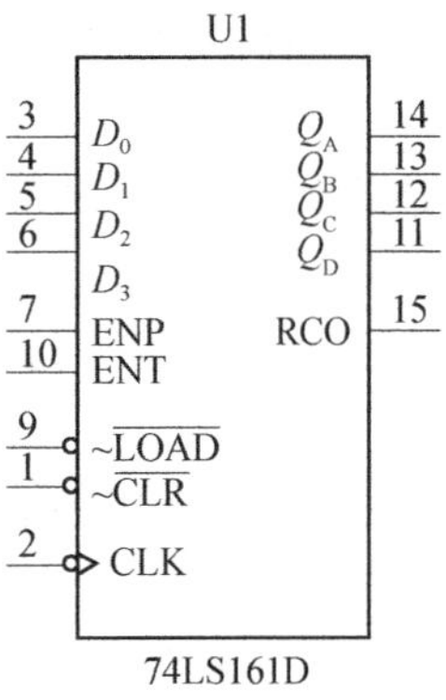

（1）计数器

输入的脉冲数通过计数器计数，并将结果用 8421BCD 码表示出来，本实验中采用一种四位二进制加计数器 74LS161。

以 74LS161 为例，通过对集成计数器功能和应用的介绍，帮助读者借助产品手册给出的功能表，正确而灵活地运用集成计数器。

74LS161 为四位二进制加计数器，其逻辑符号如图 4-75 所示，功能表见表 4-37。

计数器有下列输入端：异步清零端 $\overline{CLR}$ （低电平有效），时钟脉冲输入端 CP，同步并行置数控制 $\overline{LOAD}$（低电平有效），计数控制端 ENP 和 ENT，并行数据输入端 $D_0 \sim D_3$。有 4 个触发器的输出端 $Q_D \sim Q_A$，进位输出 RCO。

图 4-75 74LS161 逻辑符号

表 4-37 74LS161 四位二进制计数器的功能表

输　入									输　出			
$\overline{CLR}$	$\overline{LOAD}$	ENP	ENT	CP	D_3	D_2	D_1	D_0	Q_D	Q_C	Q_B	Q_A
L	×	×	×	×	×	×	×	×	L	L	L	L
H	L	×	×	↑	D	C	B	A	D	C	B	A
H	H	H	H	↑	×	×	×	×	计			数
H	H	L	×	×	×	×	×	×	保			持
H	H	×	L	×	×	×	×	×	保			持

根据表 4-37，可看出 74LS161 具有下列功能：

● 异步清零功能。若 $\overline{CLR}$ 输入低电平，则不管其他输入端（包括 CP 端）如何，实现 4 个触发器全部清零，即 $Q_D Q_C Q_B Q_A=$ "0000"。

- 同步并行置数功能。在 $\overline{\text{CLR}}$ = "1" 且 $\overline{\text{LOAD}}$ = "0" 的前提下，在 CP 上升沿的作用下，触发器 $Q_D \sim Q_A$ 分别接收并行数据输入信号 $D \sim A$，由于此置数操作必须有 CP 上升沿配合，并与 CP 上升沿同步，所以称为"同步"。因为 4 个触发器同时置入，所以称为"并行"，即 $Q_D Q_C Q_B Q_A = DCBA$。

- 同步四位二进制计数功能。在 $\overline{\text{CLR}}$ = "1"，$\overline{\text{LOAD}}$ = "1" 的前提下，若计数控制端 ENT＝ENP＝"1"，则对计数脉冲 CP 实现同步加 4 位二进制计数。这里"同步"二字既表明计数器是"同步"，而不是"异步"结构，又暗示各触发器动作都与 CP（上升沿）同步。

- 保持功能。$\overline{\text{CLR}} = \overline{\text{LOAD}} =$ "1" 的前提下，若 ENT·ENP＝"0"，即两个计数器控制端中至少有一个输入 0，则不管 CP 如何（包括上升沿），计数器中各触发器保持原状态不变。

（2）译码器

下面以 BCD 码七段译码驱动器为例进行介绍。CD4511 是一个专门用来将输入的四位 8421 码转换为七段码并驱动数码管 BS311201（共阴）的集成片。本实验采用 CD4511（它是一片 CMOS 型具有锁存功能的七段数码管驱动译码器）驱动共阴极 LED 数码管，其引脚图如图 4-76 所示。其中，

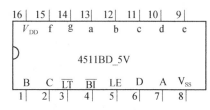

图 4-76　CD4511 引脚图

- A、B、C、D 为 BCD 码输入端。
- a、b、c、d、e、f、g 为译码输出端，输出"1"有效，用来驱动共阴极 LED 数码管。
- $\overline{\text{LT}}$ 为测试输入端，$\overline{\text{LT}}$＝"0"时，译码输出全为"1"。
- $\overline{\text{BI}}$ 为消隐输入端，$\overline{\text{BI}}$＝"0"时，译码输出全为"1"。
- LE 为锁定端，LE＝"1"时译码器处于锁定（保持）状态，译码输出为正常译码。

4511BD_5V 内接上拉电阻，故只需在输出端与数码管笔段之间串接限流即可工作。译码器还有拒伪码功能，当输入码超过"1001"时，输出全为"0"，数码管熄灭。

（3）显示器

数字显示元器件有多种不同类型的产品，例如，辉光数字管、荧光数字管、液晶数字管、发光二极管数字管等。但因七段发光二极管数字管具有字形清晰美观、驱动简便、信息安排方便、供电电源低、价格低廉等优点，因而得到广泛应用。

目前常用的是七段数码管（若加小数点 DP，则为 8 段），它由 7 个半导体二极管（LED）组成的。当所有 LED 的阳极连在一起作为公共端时，为共阳数码管，公共端接高电平有效；当所有 LED 的阴极连在一起时，则为共阴数码管，公共端接低电平有效。使用中切不可混淆。

七段发光二极管数字管由七段条状发光二极管排成字形显示数字。当给相应的某些线段加一定的驱动电流或电压时，这些线段就发光，从而显示相应的数字。为了鉴别输入情况，当输入码大于 9 时，七段发光二极管仍显示一定图案。七段发光二极管显示器有共阳、共阴两种连接形式，其内部发光二极管的连接图分别如图 4-77（a）、（b）所示。为限制各发光二极管的电流，可在它们的公共极上串联一只 240Ω 的限流电阻。七段数码管字形如图 4-78 所示。

对于共阳数码管，其公共阳极接高电平，a～f 相应端（二极管阴极）接低电平，便显示相应数字。例如，若 a～f 均接低电平，g 接高电平，则除 g 外，其余二极管均导通发光，

因而显示数字 0。同理，对共阴数码管，将公共阴极接低电平，a～f 相应端接高电平，g 接低电平，显示同样数字。

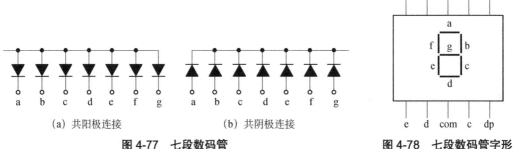

(a) 共阳极连接　　　　(b) 共阴极连接

图 4-77　七段数码管　　　　　　　　图 4-78　七段数码管字形

（4）用集成计数器构成任意进制计数器

用现有的 M 进制计数器构成 N 进制计数器时，如果 $M>N$，则只需一片 M 进制计数器；如果 $M<N$，则需多片 M 进制计数器。

一般，N 进制计数器有 N 个状态，N 进制有 N 个计数长度。如果用 M 进制计数器构成 N 进制计数器（$M>N$），通常可用两种方法实现，即异步清零法和同步置数法。

下面以 74LS161 计数器十六进制的 4 位二进制加法计数器构成九进制计数器为实例说明这两种实现方法。

九进制（$N=9$）计数器有 9 个状态，而在 74LS161 计数过程中有 16（$M=16$）个状态，因此属于 $M>N$ 的情况。此时必须设法跳过（$M-N$），即有 16−9=7 个状态。

① 异步清零法。适用于有清零端的集成计数器。用带清零输入端的中规模 M 进制计数器，实现带显示的 N（$M>N$）进制计数，不需要 CP 脉冲的作用，其计数长度=实际状态数+1，用比实际长度加 1 的状态去控制"与非"门的输出进行清零。

74LS161 具有异步清零功能，在其计数过程中，不管它的输出处于哪一状态，只要在异步清零输入端加一低电平，使 $\overline{CLR}$ = "0"，74LS161 的输出立即为从当时的状态回到 "0000" 状态。清零信号消失后，74LS161 又从 "0000" 状态开始计数。有效状态 S0～S8，本例利用 S9（"1001"）过渡状态（短暂存在，瞬间消失）进行异步清零，即当输入第 9 个 CP 脉冲（上升沿）时，输出 $Q_D Q_C Q_B Q_A$=1001，Q_D 与 Q_A 通过 "与非" 门输出低电平，反馈给计数器 74LS161 $\overline{CLR}$ 端一个清零信号，立即使 $Q_D Q_C Q_B Q_A$ = "0000"，接着 $\overline{CLR}$ =1，74LS161 又从 "0000" 状态开始新的计数周期。其逻辑电路如图 4-79 所示。

② 同步置数法。需要 CP 脉冲的作用，计数长度=实际状态数，有效状态为 S0～S8。用实际状态数即 S8 状态控制同步预置数端。在其计数过程中，可以用它输出的 "1000" 状态，通过 "与非" 门输出低电平反馈至置数控制端 $\overline{LD}$，在下一个 CP 脉冲的作用后，计数器就会把预置数输入端 $D_3 D_2 D_1 D_0$ 的状态置入给输出端。预置数控制信号消失后，计数器就从被置入的状态开始重新计数。

本例设预置数 $D_3 D_2 D_1 D_0$ = "0000"，则 $Q_D Q_C Q_B Q_A$ 从 "0000" 开始计数，当计数到 "1000" 时，通过 "与非" 门输出低电平反馈给 $\overline{LD}$ = "0" 端一个置数信号，当再来一个时钟上升沿时，立即使输出端 $Q_D Q_C Q_B Q_A$ = "0000" 状态，接着 $\overline{LD}$ = "1"，开始新一轮的计数循环。

其逻辑电路如图 4-80 所示。

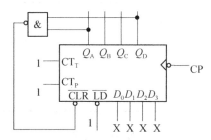
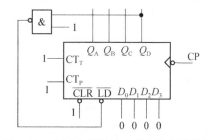

图 4-79　用异步清零法实现九进制计数器　　　图 4-80　用同步置数法实现九进制计数器

5．预习提示

（1）认真阅读并理解实验原理。

（2）列出实验任务的设计过程，根据给定芯片（自己查阅相关芯片的引脚排列图和功能表）设计完整的逻辑电路图。

（3）对所设计的电路进行实验测试，记录测试结果。

（4）通过电路设计过程，在实验报告中写出实现六十进制计数器的实验原理。

6．课前自测

（1）同步时序电路和异步时序电路比较，其差异在于后者（　　）。

① 没有触发器　　　　　　　② 没有统一的时钟脉冲控制

③ 没有稳定状态　　　　　　④ 输出只与内部状态有关

（2）若将一片 74LS76 JK 触发器变成一位二进制计数器，则（　　）。

① $J=K=0$　　② $J=0$、$K=1$　　③ $J=1$、$K=0$　　④ $J=K=1$

（3）共阳数码管的公共端应接（　　）。

① +5V　　　　② +12V　　　③ 地

（4）欲构成最大计数值为 59 的计数器，需要几片十进制计数器（　　）。

① 1 片　　　　② 2 片　　　　③ 3 片　　　　④ 4 片

（5）在异步六进制加法计数器中，若输入 CP 脉冲的频率为 24kHz，则进位输出 CO 的频率为（　　）。

① 10kHz　　　　② 1kHz　　　　③ 6kHz　　　　④ 4kHz

（6）一片 74LS161 四位二进制加法计数器的起始值为 0110，经过 30 个时钟脉冲作用之后的值为（　　）。

① "0100"　　　② "0101"　　　③ "0110"　　　④ "0111"

（7）一个 74LS161 芯片，用异步清零法实现四进制计数器，ENP 与 ENT 及 LOAD 端应怎样处置？（　　）

① 均接+5V　　　② 均接地　　　③ 均悬空

（8）逻辑状态表见表 4-38，指出能实现该功能的逻辑部件是（　　）。

① 十进制译码器　② 二进制译码器　③ 二进制编码器

表 4-38　逻辑状态表

输入		输出			
B	A	Y_0	Y_1	Y_2	Y_3
0	0	1	0	0	0
0	1	0	1	0	0
1	0	0	0	1	0
1	1	0	0	0	1

（9）采用共阳极数码管的译码显示电路如图 4-81 所示，若显示数码是 0，译码器输出应为（　　）。

① a = b = c = d = e = f = g = "0"

② a = b = c = d = e = f = "0"，g = "1"

③ a = b = c = d = e = f = "1"，g = "0"

（10）有一计数器，其状态转换图如图 4-82 所示，则该计数器（　　）。

① 能自启动　　　　② 不能自启动　　　　③ 不好判断

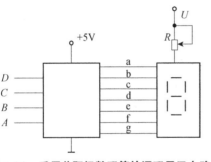

图 4-81　采用共阳极数码管的译码显示电路

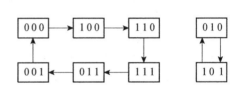

图 4-82　计数器状态转换图

7．课后思考

（1）8421 码能表示 0～15 个数字，为什么十进制计数器真值表中只有 0～9？

（2）若采用高电平输出效译码/驱动器，应该采用共阴还是共阳数码管？

（3）若用四位二进制加法计数器 74LS61 实现六进制计数器，可在实验过程中发现只能实现四进制，解释其现象，如何解决该问题。

（4）试设计一个显示分、秒的数字钟。

（5）在本实验中，60 进制计数器的设计可以有几种方案？在考虑这些方案时，要求显示与不要求显示对设计方案的选择有无影响？

实验 4.19　直流稳压电源设计

1．实验目的

（1）了解与掌握半波、桥式全波整流电路。

（2）观察电容滤波作用。

输出可调的直流
稳压电源理论

直流稳压电源
操作

(3) 掌握分立元器件稳压二极管的稳压电路、集成稳压电路原理及测试方法。

(4) 了解集成稳压器的应用，掌握输出可调的直流稳压电源的设计。

2．实验任务

(1) 用整流二极管分别设计半波、桥式全波整流电路，用示波器分别观测半波、桥式全波整流电路输出接负载 $R_L=1\mathrm{k}\Omega$ 时的电压波形，测量电路输入、输出电压有效值并记录于表 4-39 中。

表 4-39　半波、桥式全波整流电路测量数据

电路类型	测试点	测量值/V	理论值/V	波形
半波整流电路	U_i			
	U_o			
桥式全波整流电路	U_i			
	U_o			

(2) 在上述桥式全波整流电路基础上，分别选用 10μF、330μF 电容在负载电阻取值 100Ω、1kΩ 负载及空载三种情况下观测电容滤波效果，观测并记录输出电压波形及输出电压有效值于表 4-40 中。

表 4-40　电容滤波电路测量数据

电容容值	负载阻值 R_L	U_o理论值/V	U_o测量值/V	U_o波形
10μF	100Ω			
	1kΩ			
	∞			
330μF	100Ω			
	1kΩ			
	∞			

(3) 在上述经过桥式全波整流并采用 330μF 电容滤波的电路基础上，分别采用稳压二极管 2CW54 和三端集成稳压器 W7815 设计并联稳压电路，并在变压器副边电压有效值 17V 情况下改变负载取值（510Ω、1kΩ 及空载）和在负载取值 1kΩ 情况下改变变压器副边电压有效值（14V、17V），分别观测上述两种稳压电路的输出电压有效值变化情况并记录于表 4-41、表 4-42 中。其中，二极管稳压电路的限流电阻取值为 1kΩ。

(4) 用整流二极管、三端集成稳压器 7815 设计一个输出电流为 100mA 的恒流源电路。

(5) 试用整流二极管、三端集成稳压器 7815、集成运算放大器 uA741、可调电位器设计一个输出电压可调范围为 15～20V 的直流稳压电源。

表 4-41　稳压电路输出电压随负载变化的测量数据

电路类型	负载阻值	U_o/V
二极管稳压电路	510Ω	
	1kΩ	
	∞	
集成稳压器稳压电路	510Ω	
	1kΩ	
	∞	

表 4-42　稳压电路输出电压随变压器副边电压变化的测量数据

电路类型	变压器副边电压/V	U_o/V
二极管稳压电路	14V	
	17V	
集成稳压器稳压电路	14V	
	17V	

3．实验设备

模拟电路实验箱 1 套；
数字示波器 1 台；
数字万用表 1 台。

4．实验原理

直流稳压电源是一种将交流电压变成直流电压的装置，主要由整流电路、滤波电路及稳压电路三部分组成。

整流电路利用半导体二极管的单向导电性，将交流电压变成直流电压，再经过电容滤波电路，得到比较平滑的直流电压。为提高直流电压的稳定性，在滤波电路之后需采用电压稳定电路。

（1）半波整流电路

半波整流电路如图 4-83 所示。整流后输出电压有效值 U_o 理论上约等于输入的交流电压（变压器副边电压）有效值的 0.45 倍。即

$$U_o \approx 0.45 U_i \qquad (4\text{-}40)$$

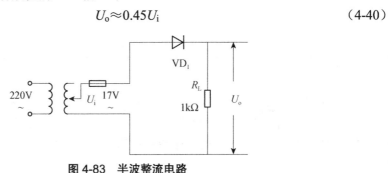

图 4-83　半波整流电路

（2）桥式全波整流电路

桥式全波整流电路如图 4-84 所示（此时开关 J_1 闭合、J_2 断开）。

整流后输出的直流电压有效值 U_o 理论上约等于输入的交流电压（变压器副边电压）有效值的 0.9 倍，是半波整流输出电压的 2 倍。即

$$U_o \approx 0.9 U_i \tag{4-41}$$

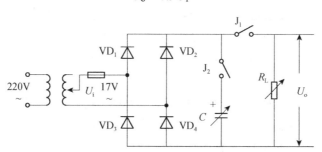

图 4-84　桥式全波整流

（3）电容滤波电路

如图 4-84 所示，当开关 J_1、J_2 闭合时，整流电路并联电容滤波电路，滤波后输出直流电压的脉动程度大大减小，输出电压有效值 U_o 提高。在电容取值不变的情况下，R_L 越大，电容放电越慢，当 R_L 趋向于 ∞ 时，U_o 理论上等于输入的交流电压有效值的 $\sqrt{2}$ 倍，即 $U_o \approx \sqrt{2} U_i$；另外，当 R_L 越小，电容放电越快，当 R_L 趋向于 0 时，$U_o \approx 0.9 U_i$。

（4）稳压二极管稳压电路

稳压二极管稳压电路如图 4-85 所示。

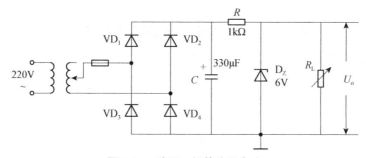

图 4-85　稳压二极管稳压电路

稳压二极管稳压电路由稳压二极管 D_Z 与限流电阻 R 串联组成。如图 4-85 所示，稳压电路接在整流滤波电路中，整流滤波电路的输出直流电压为稳压电路的输入电压，稳压电路的输出电压为稳压管两端的稳压电压。

当交流电网电压升高引起稳压电路的输入电压升高时，稳压电路输出电压也将升高。根据稳压二极管伏安特性曲线可知，其电压稍有升高时，流经的电流将显著增大，从而使限流电阻两端的电压显著增加，于是稳压电路升高的输入电压绝大部分分配在限流电阻上，稳压管两端电压（即稳压电路输出电压）基本保持不变。反之，当交流电网电压降低引起稳压电路的输入电压降低时，稳压电路输出电压也将降低，稳压管两端电压的稍许降低将使得流经的电流显著减小，从而使限流电阻两端的电压显著降低，于是稳压电路降低的输入电压绝大部分分配在限流电阻上，稳压管两端电压基本保持不变。

同理，若交流电网电压不变，而负载发生变化引起负载电流、稳压管电流变化时，该

电路也能起到稳压作用。

(5) 三端集成稳压器稳压电路

三端集成稳压器具有体积小、性能稳定、使用方便、价格低等优点，在直流稳压电源中应用十分广泛。三端集成稳压器包括固定输出的和可调输出的。三端固定输出集成稳压器常用的有正电压输出类 7800 系列和负电压输出类 7900 系列两种。输出电压有 5V、6V、8V、9V、10V、12V、15V、18V、24V 九个等级（如 7805 为 5V、7809 为 9V、7910 为–10V、7924 为–24V 等）。

W7800 系列三端集成稳压器外形和接线如图 4-86 所示。该系列稳压器要求输入端与输出端的电压差（即 U_i–U_o）不得小于 2V，一般为 3～5V。这种稳压器只有三个引出端，即输入端（IN）、接地端（GND）和输出端（OUT）。当稳压器距离整流滤波电路较远时，在输入端必须接电容器以抵消电路电感效应，防止产生自激振荡。若需要滤除输出端的高频信号，则需在输出端接滤波电容。

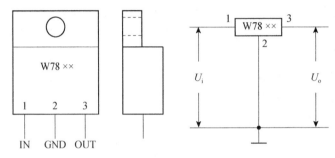

图 4-86　W7800 系列三端集成稳压器外形及接线

利用 W7800 系列三端集成稳压器对整流滤波后的直流电压进行稳压的应用电路如图 4-87 所示。

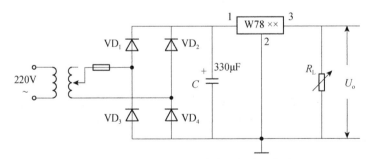

图 4-87　W7800 系列集成稳压器稳压电路

5．实验预习

(1) 了解直流稳压电源的交流变压器、整流、滤波及稳压电路各环节的作用。

(2) 当用万用表测量稳压电源各环节测试点电压时，注意交直流挡位的恰当选择。

(3) 预先了解稳压电源各环节测试点的电压波形。

(4) 连接线路时，建议按如下步骤进行：模块调试、安装、测试，最后联调，完成整体电路，这样有利于发现连接时的错误和故障原因。

(5) 掌握单相桥式全波整流电路的各二极管接法，避免二极管极性接错。

(6) 了解负载变化对电容滤波电路输出电压的影响。
(7) 了解电解电容的极性辨认及连接方法。
(8) 了解三端集成稳压器 7815 的引脚排列及主要参数。
(9) 根据三端集成稳压器的输出电压要求，合理选择变压器变比。
(10) 掌握测试集成稳压器正常工作的方法，在实验前要对集成稳压器进行测试。

6．课前检测

(1) 在图 4-85 中，稳压二极管如果极性接反，会出现什么现象？
(2) 半波整流后输出电压波形是怎样的？全波整流后输出电压波形呢？
(3) 写出半波、全波整流电路的输入与输出电压有效值关系的理论估算公式。
(4) 整流电路输入电压、输出电压用万用表测量时何时用直流挡，何时用交流挡？
(5) 电容滤波电路的输入、输出电压有效值理论估算公式。
(6) 滤波电容越大滤波输出电压波形越平直，还是电容越小波形越平直？
(7) 用稳压二极管电路稳压时，若不接限流电阻，会产生怎样的后果？
(8) 为了使集成稳压器 7815 正常输出 15V 电压，输入电压值应该在什么范围？
(9) 滤波电容 C 的极性如果接反，会出现什么现象？
(10) 本实验观察全波整流电路后输出电压波形时，示波器应置于 AC 扫描还是 DC 扫描？

7．课后思考

(1) 如果图 4-84 所示全波整流电路中的二极管 VD_1 断开，会出现什么现象？
(2) 如果图 4-84 所示全波整流电路中的二极管 VD_1 短路，会出现什么现象？
(3) 全波整流电路中，不能用示波器同时观测交流输入和直流输出波形，试分析原因。
(4) 如果图 4-85 所示滤波电路中的电容断开了，会出现什么现象？
(5) 接上滤波电容后，示波器上显示的滤波电路输出电压波形为一条直线，试分析原因。
(6) 试分析如图 4-85 所示滤波电路，当负载 R_L 取值不变时，滤波电容容值大小与滤波效果的关系？

The Chapter 5 Basic experiment on circuit analysis

Experiment 5.1 The use of common electronic instruments

1. Experimental Objectives (Omitted)

2. Experimental Task

(1) Test AC voltage output from a signal generator with a digital AC millivoltmeter and a digital multimeter.

This experiment requires the voltage RMS value of the output sinusoidal of the function signal generator is 6V. The measured data are recorded in the Table 4-1. The conclusion based on the above data can be obtained.

(2) Use a digital oscilloscope and a digital AC millivoltmeter to measure a sinusoidal AC signals.

① Self test the probes of digital oscilloscope.

Connect the probe to the oscilloscope's probe on the compensator (Refer to Chapter 2, Section 2.8, Figure 2-12), the square wave signal could be observed by the digital oscilloscope. The wave form-related measurement data is recorded in the Table 4-2. The conclusion based on the above data could be obtained. (Reminder: be careful when using the oscilloscope probe attenuation switch position.)

② Measurement of peak peak value of sinusoidal AC signal with digital oscilloscope.

Adjust the function signal generator and set its output signal peak peak as shown in the Table 4-3. Then use the digital AC voltmeter, digital oscilloscope to measure the RMS value, and fill in the Table 4-3. According to the measured data, the relation between the peak peak value and the RMS value of the sinusoidal AC signal can be obtained.

(3) Use digital oscilloscope to measure the cycle and frequency of sinusoidal AC signal.

The effective voltage of the function signal generator output sinusoidal AC signal is 5V. The frequencies are set to be 200Hz, 2kHz, 20kHz respectively. Then a digital oscilloscope can be used to measure the cycle and frequency of the sine wave signal. Then the Table 4-4 should be filled.

(4) Use the digital oscilloscope to measure the phase angles of two groups of sinusoidal signal.

1kHz, 5V (peak peak) of the sinusoidal signals are used in the experiment. The signals are generated through an RC phase-shifting network as shown in the Figure 4-1. We can get the two groups of signals with the same frequency in different phases. The phase difference between them is measured by an oscilloscope, and compared with the theoretical calculation.

(5) Measurement of pulse signals.

The function signal generator is adjusted to outputting a rectangular wave which having a frequency of 2kHz, a peak peak value of 4V and a duty factor of 30% and measuring the amplitude, cycle, the positive waveform width of the signal with a digital oscilloscope.

The parameters of the rectangular wave as shown in the Figure 4-2 and the data is recorded in the Table 4-5. Please note that a digital oscilloscope should be used to observe the waveform of the pulse signal. The trigger coupling should be placed in the DC coupling (DC) mode.

3. Experimental Equipment Required

An analog circuit experimental box;

A digital oscilloscope;

A function signal generator;

A digital AC millivoltmeter;

A digital multimeter;

Some wires.

4. Experimental Principle

The way on how to use the electronic instruments can be found in chapter 2 of this book. In the electrical and electronic measurement, please use a variety of measuring instruments to complete a variety of different measurements. The general circuit measurement instrument diagram is shown in the Figure 4-3.

The Figure 4-3 shows the experimental circuit. Its power is provided by a DC power. The signal generator is used to provide the necessary testing a variety of signals, such as sinusoidal signal, square wave signal. The measurement of the experimental circuit generally includes numerical measurement and waveform observation. The measurement can be divided into DC measurement and AC measurement according to the different instruments used in different circuits. Waveform observation is generally carried out using digital oscilloscopes. The digital AC voltmeter can detect the output of function signal generator. The black clip and red clip of function generator need to be connected to the black clip and red clip of digital AC millivoltmeter respectively. The digital multimeter (AC range) is used to measure the sinusoidal RMS voltage of function signal generator. The black clip and red clip of function generator need to be connected to the black clip and red clip of digital AC millivoltmeter respectively. In the measurement, it need to ensure that the measuring instruments have a common ground terminal.

Electronic measuring instruments in the work often need to provide power. All the measuring instruments must have a common ground.

Tested circuit: Experimental circuit can be a unit circuit. It can also be a comprehensive design circuit. No matter what kind of circuit, it needs to use some electronic instruments and equipment for measurement. Measurement is divided into two kinds, one is static measurement, the second is dynamic measurement. By observing experimental phenomena and results, the theory and practice are combined.

DC power supply: It is the instrument that supplies energy to the circuit under test, usually the output is voltage.

Measuring instruments and meters: Digital multimeter and digital AC millivoltmeter are respectively used to measure the DC voltage and AC voltage of the experimental circuit, and you can also use ammeter, frequency meter to measure the current, frequency and other parameters of the experimental circuit.

Function signal generator: Function signal generator can be used to generate sine wave, triangular wave, square wave and other signals, of which the output signal (frequency and amplitude) can be adjusted, according to the requirements of the circuit under test.

Digital oscilloscope: The digital oscilloscope is used to observe and measure the input and output signals of the experimental circuit. The digital oscilloscope which can display the voltage or current waveform can be used to measure the signal frequency, period, waveform phase difference and other related parameters.

5. Experiment Preparation

(1) Before the experiment, please read the operation method carefully about digital oscilloscope, function signal generator, digital AC millivoltmeter and digital multimeter which is in the second chapter of this book.

(2) In the measurement of sinusoidal AC signal voltage, the digital AC voltmeter and digital multimeter measurements are RMS voltage.

(3) The conditions of digital AC millivoltmeter and digital multimeter to measure the voltage of the sinusoidal signal should be mastered.

According to the experimental results, please be able to explain the reason that the measured signal voltage values which are different in frequencies between the digital multimeter measurement results and AC millivoltmeter measurement results. What are the frequency ranges of the two instruments?

(4) Common ground refers to the ground terminal of function signal generator, the ground terminal of digital AC voltmeter and the ground terminal of digital oscilloscope should be connected together.

(5) When using a digital oscilloscope, note the following points.

① Please self-test digital oscilloscope probes (the input line of signal).

When observing the waveform by a digital oscilloscope, pay attention to whether the probe is attenuated. If the oscilloscope's probe is set to attenuate 10 : 1, the probe magnification selection in the Oscilloscope Setup Menu should be consistent with the actual attenuation of the probe.

② On-off Detection of Oscilloscope Probe Ground (As the oscilloscope probe ground frequently used, it is easy to disconnect). Digital multimeter can be used to detect the ground on-off, with the diode beep gear.

③ Learn how to set up the "Coupling Method" for a dual channel digital oscilloscope, and familiar with the main functions of the five areas of the digital oscilloscope (operation control area, vertical control area, horizontal control area, trigger control area, function menu area), and learn how to use dropdown menus for each area.

The methods of measuring the cycle, frequency, RMS, maximum value of a sinusoidal AC signal with a digital oscilloscope should be mastered.

④ Grasp the functions of cursor measurement key of digital oscilloscope and the cursor mode of several functions. Especially, grasp the use of tracking function, which is very convenient to the dynamic parameters measurement of a circuit.

⑤ Grasp the relationship between RMS and peak peak value, period and frequency of a sinusoidal AC signal.

⑥ Master the method of baseline to zero of digital oscilloscope dual-channel horizontal scan (normalized).

⑦ Observing the two-channel signal waveform with a digital oscilloscope at the same time. Knowing how to stabilize the waveform display on the display is important, the method is as follows.

- Adjust the trigger level (LEVEL). Rotate the knob; the display appears an orange trigger level line with the rotation of the knob and move up and down. Moving this line so that it intersects the trigger signal waveform stabilizes the waveform.
- If the above method doesn't work and the two waveforms cannot be stabilized, you can press the MENU knob under LEVEL knob, on the right side of the oscilloscope display will appear the trigger setup menu. The trigger mode is generally selected "edge trigger". source select "CH1" if "CH1" is signal input, or "CH2" if not.

(6) There are some notes as follows when using the function generator.

① Set the frequency of the function generator (mHz, Hz, kHz, MHz).

② Learn the method to set amplitude (Peak peak mU_{PP}、U_{PP}, RMS Voltage U_{RMS}、mU_{RMS}) and frequency of signal output from the function signal generator.

③ Learn to use the duty cycle button of function generator and DC bias button of function generator.

④ Grasp the definition of duty cycle: it refers to the rectangular wave width of the positive wave of the rectangular wave ratio of the entire cycle.

⑤ The function signal generator output signal channel (CH1 or CH2) selection must be consistent with its display screen, and its output button "Output" must be pressed.

6. Pre-class Test

(1) What's the relation between the peak peak value and the effective value of sine wave signal? U_{pp}=_____U_{RMS}.

(2) Which instrument is suitable for measuring high frequency AC signals in Digital AC Millivoltmeterand Digital Multimeter?

(3) Using a 10∶1 attenuation probe of an oscilloscope to measure the output amplitude of a positive pulse signal is 0.5V, what's the signal output of the actual amplitude?

(4) If the oscilloscope's menu probe is set to 10∶1, the probe switch operates 10∶1. Oscilloscope measurement of a positive pulse signal output amplitude is 0.5V, what's the signal output of the actual amplitude?

(5) When measuring the AC voltage with a digital multimeter, if the indication always shows 000, is it most likely that the overrange display or the wrong gear selection?

(6) Is the voltage measured by a digital AC millivoltmeter RMS value or maximal value?

(7) When you observe the AC signal waveform or DC signal waveform, what mode should be placed in the digital oscilloscope coupling mode?

(8) If the oscilloscope's display shows two, which knob can restore it to one?

(9) When using the digital multimeter to measure the AC signal voltage value, what will happen to the measured value as the frequency increases?

(10) Which knob can be zero the oscilloscope's scan baseline (located in the middle of the screen)?

7. After-class Exercise (omitted)

Experiment 5.2 Measurement of basic electrical parameters

1. Experimental Aim (Omitted)

2. Experimental Task

Measure the current I_3, voltage U_2 and resistance R_2 according to the circuit in the Figure 4-4.

(1) Calculate current I_2 which is flowing through in resistance in R_2 indirectly and fill the Table 4-6, read the waveform of voltage on resistor R_2 by oscilloscope.

(2) Measure the parameters of circuit in the Figure 4-2 and verify the Kirchhoff's law according to the Table 4-7.

(3) Replace resistance R_4 in the Figure 4-5 by a diode (the anode of diode connects to point

E and the cathode connects to point B), measure the parameters in this circuit; verify the Kirchhoff's law according to the Table 4-7.

3. Experimental Equipment Required

A set of electrical technology experimental device;

A voltage source (0.0~30V / 1A);

A current source (0.0~200mA);

Three current measurement jacks;

A pair of current measurement line;

A DC milliammeter (0~2000mA);

A digital multimeter;

A function signal generator;

A oscilloscope;

A diode;

Several resistors;

Several thin wires.

4. Experimental Principle

(1) Voltage measurement.

① Direct measurement method. Usually the voltage meter is selected according to the characteristics of the measured signal such as measuring voltage range, measuring frequency range, input impedance. Because the voltmeter is parallel to the circuit, so for DC or low frequency voltage, it is required to use DC (AC) voltmeter or digital multimeter to measure the voltage, it is also required that the input impedance of the voltage meter is large enough. AC voltmeter is only suitable for measuring sinusoidal voltage RMS value. For high-frequency voltage, AC millivoltmeter can be used to measure the voltage, but it is required that input impedance of AC millivoltmeter is large enough and the capacitance is small enough.

The voltage measurement accuracy (ie, the relative error) can be divided into several grades. DC voltage measurement accuracy is usually higher than the accuracy of AC voltage and digital voltmeter measurement accuracy is relatively high.

② The method of measuring voltage with oscilloscope.

In addition to observing waveforms with an oscilloscope, you can use it to measure the voltage peak U_P, period T and so on.

Measuring the RMS value of the AC voltage with an analog oscilloscope can be converted by $U = U_p/\sqrt{2}$. Digital oscilloscope can read the voltage value directly.

③ Large voltage measurement.

In the measurement of large voltage, the voltmeter range can be extended through the divider resistor. In engineering, voltage transformer is commonly used to measure the AC frequency large voltage.

(2) Current measurement.

① Direct measurement method.

You should select the ammeter based on the characteristics of the signal to be measured (eg measuring current range, measuring frequency range, input impedance, etc.). Because the ammeter is connected in series to the circuit under test, so for the DC or low frequency current measurement, it is required that you should use DC (or AC) ammeter to measure the current, but it is also required that the input resistance of ammeter should be far less than the measured impedance. AC ammeter is only suitable to measure the RMS of sinusoidal current.

② Indirect measurement method.

You can measure the voltage U on the resistance through a voltmeter or an oscilloscope and convert it by $I = U/R$. For high-frequency current, its current can be calculated from the voltage measured by AC voltmeter.

③ The measurement method using in the current measurement jack and the current measurement line.

Because the ammeter is connected in series to the tested circuit, when the current is measured, you need to first disconnect the circuit and then connect the ammeter in series. In the laboratory, current measurement jacks and current measurement line are often used together, you can not change the circuit structure in the case with an ammeter to measure the current of multiple branches. One end of the current measurement line is used to insert into the current measurement jack, the other end of the line is a red-black wire for connecting the ammeter. When current jack is not connected to the current measurement line, its internal spring is in a shorted state. when the current measurement line which is connected to the ammeter is inserted into the current measurement jack, the current jack will be in open state and the ammeter that displays the branch current is connected to the tested branch in series.

④ Large current measurement.

In the measurement of large current, the ammeter range can be extended through the divider resistor or you can use a special high-current measuring instruments to measure the large current. In engineering, current transformer is commonly used to measure the AC frequency large current.

(3) Resistance measurement.

① Resistance measurement method with ohmmeter. When the measurement accuracy is not high, you can directly use ohmmeter (or the ohmmeter of a multimeter) to measure the resistance.

The following should be noted when you use a multimeter to measure the resistance.

- You should disconnect the power first, and then disconnect the other resistors or capacitors connected to the resistor.
- You should prevent your hands from touching both the terminals of the resistor and the metal parts of the ohmmeter's probe.
- When a multimeter measures a resistance, a DC current flows through the resistor. To avoid damaging the measured resistance, you need to consider the minimum voltage and

current which can be withstood by the measured resistance.

② Resistive Bridge Method for Measuring Resistance. For high measurement accuracy, the resistance bridge can be used for measurement.

③ Volt-ampere characteristic method for measuring resistance. By measuring the voltage across the measured resistance and the current flowing through the resistor, according to the formula $R=U/I$, the measured resistance can be calculated. Please refers to the Chapter 4, Lab 4.3, in this tutorial for more information.

(4) Kirchhoff's law.

For an element in a circuit, the voltage-current relationship on the element follows Ohm's law, but in terms of the entire circuit, the current and voltage of the circuit follows the Kirchhoff's law.

① Kirchhoff's current law (Abbreviated as KCL).

At any time, the sum of currents flowing to any node of the circuit is equal to the sum of the currents flowing out of the node. Its essence is the performance of the continuity of the current. In the application of this law, the direction of the current must be noted. KCL written in general form is $\sum I=0$. It is independent to the elements which connected to each branch.

② Kirchhoff's voltage law (Abbreviated as KVL).

At any time, the sum of the voltage drops across all branches along the closed loop is equal to zero. KVL written in general form is $\sum U=0$. The use of this law must pay attention to the direction of the bypass loop.

5. Experimental Preparation

(1) How many methods can be used to measure voltage value?

(2) How many methods can be used to measure current value?

(3) How many methods can be used to measure resistance value?

(4) How to connect voltmeter and ammeter with the circuit while measuring it?

(5) Describe the KCL and KVL law in detail.

6. Pre-class Test

(1) Which factors should be considered when selecting a suitable voltmeter?

(2) Is it possible to measure the voltage in all frequency ranges with a multimeter?

(3) Which kind value of AC voltage can be measured by a pointer type voltmeter (a. Mean, b. RMS, c. Max).

(4) How ammeter should be connected with the branch. (a. In series, b. In parallel). How voltmeter should be connected with the branch. (a. In series, b. In parallel).

(5) What device should be used to measure the AC power frequency large voltage and what device should be used to measure the AC power frequency large current commonly.

(6) What's the reason of making the pointer deflect over the half range of pointer instrument while choosing its measuring range?

(7) Replace the DC power by a AC power in the Figure 4-5, Whether Kirchhoff's law is true or false in this case? (a. Yes, b.No).

(8) Replace the resistance R_5 by a diode in the Figure 4-5, Whether Kirchhoff's law is true or false in this case? (a. Yes, b.No).

(9) KCL and KVL are only suitable for solving simple circuits, is it right? (a. Wrong, b.Right).

(10) Describe the attentions of using multimeter to measure the value of resistance in detail.

7. After-class Exercise (omitted)

Experiment 5.3 Volt-ampere characteristic measurements of the electronic component

1. Experimental Aim (Omitted)

2. Experimental Task

(1) Measure the volt-ampere characteristics of 1kΩ resistance in the Figure 4-6, draw the volt-ampere characteristics curve according to the data in the Table 4-8.

(2) Measure the volt-ampere characteristics of the lamp bulb in the Figure 4-7, draw the volt-ampere characteristics curve according to the data in the Table 4-9.

(3) Measure the volt-ampere characteristics of 1N4735 stabilivolt in the Figure 4-8, draw the volt-ampere characteristics curve according to the data in the Table 4-10.

(4) Measure the external characteristics of voltage source, draw external characteristics curve according to the data in the Table 4-11.

(5) Measure the external characteristics of current source in the Figure 4-10, draw external characteristics curve according to the data in the Table 4-11.

(6) Prove the condition of equivalent conversion of voltage source in the Figure 4-9, draw its equivalent circuit diagram.

3. Experimental Equipment Required

A set of electrotechnical experimental device are composed by the following components:

A voltage source (0.0~30V/1A);

A current source (0.0~200mA);

A decimal adjustable resistor (0 to 99999.9Ω / 2W);

A 1N4735/1N5920 bzener diode;

A lamp blub (12V, 0.1A);

A DC milliammeter (0~2000mA);

A digital multimeter;

Several resistances;

Several thin wires.

4. Experimental Principle

The relationship between the voltage across the component u and the current i through the device is shown as functions $u=f(i)$ or $i=f(u)$, which are known as the volt-ampere characteristics of the device. The relationship between the terminal voltage of the power supply and the output current is called the volt-ampere characteristic of the power supply, which also called the external characteristic of the power supply.

(1) Linear resistance element.

If the resistance of the resistor is unchanged when the voltage on its two ends or the current passing through it is changed, this resistance is called a linear resistor element, its volt-ampere characteristics shown in the Figure 4-11 (a). It is a straight line through the origin in the u-i plane and the slope of the line is the resistance value and it has nothing to do with the size and direction of voltage and current of the component, so the linear resistance element is a bidirectional component.

(2) Non-linear element.

When a lamp is working, its filament is in high temperature and the resistance of the filament changes with the temperature change. The higher the current is, the higher the temperature is, the greater the corresponding resistance of filament is. In general, the "cold resistance" and the "thermal resistance" of light bulb can be a difference of several times to ten times. It's volt-ampere characteristics as shown in the Figure 4-11 (b).

The element is called a non-linear element which resistance varies with the voltage across its ends or with the current passing through it. It is a curve in the u-i plane. Such as diodes, zener diodes and so on. The volt-ampere characteristics of the zener diode are shown in the Figure 4-11 (c). Its forward voltage drop is very small (general the voltage drop of germanium tube is about 0.2~0.3V, the voltage drop of silicon tube is about 0.5~0.7V) and its forward current increases rapidly with the forward voltage drop. When the reverse voltage starts to increase, its reverse current is almost zero, but when the reverse voltage increases to a certain value (which is known as the regulator value of the tube), the reverse current will suddenly surge, then its terminal voltage will remain constant, no longer increase with applied reverse voltage.

Note: The current through the diode or zener diode can not exceed the limits of the tube, otherwise the tube will be damaged.

(3) Voltage source.

The voltage source with internal resistance $R_o = 0$ is the ideal voltage source, its voltage has nothing to do with its output current, its external characteristic curve as shown by the dashed line a in the Figure 4-12 (b). The actual current source can be represented by a circuit symbol in parallel with an ideal current source and a resistor R_o. As shown by the dash-dotted line in the Figure 4-12(a), its external characteristic curve as shown by the curve line a in the Figure 4-12(b).

(4) Current source.

The current source with internal resistance $R_0=\infty$ is the ideal current source, its current has nothing to do with the terminal voltage of power, its external characteristic curve as shown by the dashed line a in the Figure 4-13 (b).

The actual current source can be represented by a circuit symbol in parallel with an ideal current source and a resistor R_0. As shown by the dash-dotted line in the Figure 4-13 (a), its external characteristic curve as shown by the curve line b in the Figure 4-13 (b).

(5) Equivalent conversion between voltage source and current source.

The volt-ampere characteristic curves of the actual voltage source and the current source are the same, therefore, the circuits in the Figures 4-12(a) and 4-13(a) are equivalent to each other and can be equivalently transformed. The conditions for their equivalent transformation are $I_s=U_s/R_0$ or $U_s=I_sR_0$. In order to keep the same characteristics of the output before and after the conversion, the positive direction of I_s (or U_s) should be the same as the positive direction of U_s (or I_s) before transformation.

(6) The external and internal connection method of ammeter.

As the internal resistance of actual DC voltmeter is not infinite and the internal resistance of actual DC milliammeter is not zero. In order to reduce the measurement error, the internal connection method of ammeter should be used to measure the larger resistance of resistors, on the contrary, the external connection method of ammeter is suitable for the smaller resistance of resistors. Please consider the difference of the connection method of ammeter in the (a) and (b) diagram of the Figure 4-8, and explain the reasons.

5. Experimental preparation

(1) What is the volt-ampere characteristic of devices? What is the external characteristic of power source?

(2) What is the difference between stabilivolt and diode?

(3) What is the difference between the volt-ampere characteristics measurement method of task 1 and task 2?

(4) How to realize the $R_L=\infty$ in this experiment?

(5) Why measure the current when $R_L=0$ and $R_L=4.7\text{k}\Omega$ instead of the condition of $R_L=0$ and $R_L=R_L=\infty$ in a equidifferent way in the experiment 4-11?

6. Pre-class test

(1) Why short-circuit DC power source output with wires firstly when it is adjusted?

(2) Why it cannot short-circuit the DC power source's output?

(3) Whether the connection mode of ammeter inside or outside are suitable for measuring high resistance or low resistance?

(4) In the Figure 4-7, the light is not bright but voltmeter and ammeter has a digital display. What can be seen from it? And explain the reason in detail.

(5) After finishing the experiment in the Figure 4-7, the resistance value of the point in the lamp's volt-ampere characteristics curve need to be measured. Classmate Jia substitute the point (U-I) coordinate into this formula R=U/I. Instead, classmate Yi calculates the tangent and the slope of this point. Which is the right way? ____ (a. Classmate Jia b. Classmate Yi)

(6) What should be noticed to avoid burning out the pipe in stabilivolt experiment?

(7) Why the data points in the Table 4-10 are dense between 6V and 6.5V in stabilivolt experiment?

(8) Why is there no values of load resistance in the Table 4-11?

(9) Please write the steps of measurement in the Table 4-11.

(10) Describe the normal operating sequence to cancel the alarm of electrician experiment device when it's inner ammeter is beyond range.

7. After-class Exercise (omitted)

Experiment 5.4 Superposition theorem

1. Experimental Aim (Omitted)

2. Experimental Task

(1) Use the superposition theorem to obtain the terminal voltage U_L and current I_L on the load resistor R_L of the circuit in the Figure 4.14 (a) and complete the measurements in the Table 4-12, Then verify the correctness of the superposition theorem.

(2) Use the circuit shown in the Figure 4-14(b) and complete the measurements in the Table 4-13, then verify the correctness of the superposition theorem.

3. Experimental Equipment Required

A set of electrical technology experimental device;

A voltage source (0.0~30V / 1A);

A current source (0.0~200mA);

A potentiometer (1kΩ / 2W)

A decimal adjustable resistor (0 to 99999.9Ω / 2W)

Three current measurement jacks;

A current measurement line;

A DC milliammeter (0~2000mA);

A digital multimeter;

A function signal generator;

A digital multimeter;

Several resistors;

Several shin wire.

4. Experimental Principle

In a linear circuit, when several independent power supply work together, the voltage or current generated in any of the branches is equal to the algebraic sum of the voltage or current produced in the branch by the individual independent power supply.

The superposition theorem states that the response of any individual source is not affected by the presence of other sources of power.

When a separate power supply works alone, the other independent power supply should not work, the inactive voltage source can be replaced by a short line and the inactive current source can be replaced by an open circuit.

The measurement method about current measurement jacks and current measurement line please refer to experiment 4.2 in Chapter 4.

5. Experimental Preparation

(1) What is the applicable condition for the superposition theorem?

(2) In the experiment of the superposition theorem, how to deal with the unused power? Can it be directly disconnect?

(3) What actions need to note when using voltage source to provide two low-voltage adjustable voltage?

6. Pre-class Test

(1) What is the applicable condition for the superposition theorem?

(2) Please list the precautions of the superposition theorem experiment.

(3) The ammeter in the experiment shows a negative number, which may be_____ (a. the ammeter is broken   b. the current measurement line is reversed).

(4) Which one is the effect of the current measuring jack acts in the absence of a current measurement line (a. Short circuit b. Open circuit).

(5) Use the superposition theorem to calculate the terminal voltage U_L and current I_L on the load resistor R_L of the circuit in the Figure 4.14 (a).

(6) If the polarity of the voltage source of the circuit shown in Figure 4-14 (b) is reversed, what will be the consequences?

(7) In doing the experiment shown in Figure 4-14 (b), assuming U_s is used alone as a power source, what condition that I_s should be____? (a. open b. shorted).

(8) After the completion of the measurement in Table 4-13, one student found that the test data when ③U_s and I_s work together had a great difference with verification calculation④, please analyze the reasons that may cause the errors and point out the considerations.

(9) In the Figure 4-14, if you replace the current source of the electrical technology experimental device as the current source, and the voltage source is provided by a signal generator. Do you think the results will be same? And give your reasons.

(10) If you replace the resistor R_L in the Figure 4-14 (a) with a diode, is the superposition

theorem also applicable?

7. After-class Exercise (omitted)

Experiment 5.5 Thevenin's theorem and maximum power transfer theorem

1. Experimental Aim (Omitted)

2. Experimental Task

(1) Test the volt-ampere characteristics of the one-port network AB circuit in the Figure 4-15 and record the test results in the Table 4-14.

(2) Verify the correctness of Thevenin's Theorem. Test the R_L volt-ampere characteristics of the one-port network AB circuit in the Figure 4-15 and record the test results in the Table 4-15. Draw the volt-ampere characteristics curve using the same coordinate of Figure 4-16 and Figure 4-15, and point out the reasons for the error.

(3) Verify the maximum power transfer theorem using the circuit shown in Figure 4-15. According to the test data in the Table 4-16, plot the output power versus load and find the conditions for maximum transmission power.

(4) According to the one-port network volt-ampere characteristic curve shown in the Figure 4-17, design an equivalent voltage source (indicate the corresponding parameters) and verify it by experiments.

3. Experimental Equipment Required

A set of electrical technology experimental device;

A digital multimeter;

Several shin wires.

4. Experimental Principle

(1) Thevenin theorem.

Any one of one-port network with the linear source can be replaced by an equivalent circuit consists of an equivalent voltage source and an equivalent resistor in series. The electromotive force of the voltage source is equal to the open-circuit voltage u_{oc} of one-port network with power supply, its equivalent internal resistance R_0 is equal to the input resistor of the passive one-port network which come from the one-port network with power supply but the power supply is zero.

The idea to verification thevenin's theorem is to find the equivalent circuit parameters by experimental methods, separately measure the volt-ampere characteristics of the source-port network and its equivalent circuit and compare two volt-ampere characteristic curves in the same coordinate system, then you can get verification results.

(2) The method of measuring equivalent internal resistance R_o of one-port network with the linear source in the laboratory.

① The method of using ohm meter. Use the resistance block of a multimeter to measure the equivalent resistance after setting the power supply in the one-port network to zero.

② The method of open circuit and short circuit: measure the open-circuit voltage u_{oc} and short-circuit current i_{sc} of an one-port network with power supply, the equivalent resistance is $R_o = u_{oc} / i_{sc}$. This method is applicable to cases where the equivalent internal resistance is large and the short-circuit current does not exceed the rated value.

③ The method of half voltage: use the voltmeter to measure the open-circuit voltage u_{oc} of the one-port network with power supply, and then add an adjustable resistor at both ends of the one-port network, and connect the voltmeter at both ends of the resistor. Adjust the resistance, making the voltmeter shows half of the open circuit voltage, then the resistance of the adjustable resistance is equal to the equivalent resistance of the one-port network with power supply. The applicable scope of this law is same to the method of open circuit and short circuit.

④ The method of voltammetric: two points on the voltammetric curve of one-port network with power supply are need to be measured with the voltmeter and ammeter (I_1, U_1) and (I_2, U_2). And then get the slope k, then the equivalent resistance $R_o = |k| = (U_1 - U_2) / (I_1 - I_2)$.

(3) Maximum power transfer theorem

Figure 4-15 shows the external load resistor R_L of an one-port network with power supply. When the load $R_L = R_o$ (equivalent internal resistance), the load resistor can obtain the maximum power from the network, and the maximum power $P_{Lmax} = P_{Lmax} = u_{oc}^2 / 4R_o$. $R_L = R_o$ is called impedance matching. The efficiency of the circuit when power of the load is maximized is: $\eta = P_L / U_S I = 50\%$

5. Experimental Preparation

(1) What are the conditions of application of thevenin's theorem?

(2) How to use the experimental method to verify whether the two circuits are equivalent?

(3) In calculating the equivalent resistance of R_o, if the circuit contains controlled sources, how would you handle?

(4) What is the maximum power transfer theorem? What is the condition for the load to achieve maximum power?

6. Pre-class Test

(1) Please list the similarities and differences of the matters needing attention between the superposition theorem and the Thevenin's theorem.

(2) Thevenin's theorem applies to _____ (a. all the one-port network with power supply b. linear one-port network with power supply).

(3) The external characteristics of the thevenin equivalent voltage source are associated with which option_____ (a. external load   b. only with the original one-port network with power supply   c. both are).

(4) When the equivalent internal resistance R_o is measured by the "open-circuit short-circuiting method", what are the application conditions?

(5) Calculate the open circuit voltage U_{oc} of the circuit shown in the Figure 4-15 and the input terminal resistance of the passive one-port network.

(6) The voltage value of the equivalent voltage source U_{oc} in Figure 4-16 should be_____ (a. the port open circuit voltage when R_L=4.7kΩ   b. the voltage when R_L=4.7kΩ   c. U_{oc}=9V).

(7) A 1kΩ resistor is connected in parallel to if the 4.7kΩ potentiometer in the Figure 4-15, they work together as a load, the other remains unchanged, the experimental results?

(8) How much the value of the potentiometer R_L shown in the Figure 4-18 should be, it can draw the maximum power from the circuit?   (a. R_L=2kΩ   b. R_L=4kΩ   c. R_L=5kΩ).

(9) The maximum power that the resistor R_L shown in the Figure 4-18 can get from the circuit is_____?   (a. $P=8\times10^{-3}$ W   b. $P=16\times10^{-3}$ W   c. $P=4\times10^{-3}$ W).

(10) In the experiment shown in the Figure 4-19, when the control switch S is open, the voltmeter reads 20V, when the switch S is closed, the ammeter reading is 2A, try to find the equivalent voltage source.

7. After-class Exercise (omitted)

Experiment 5.6   AC RLC circuit

1. Experimental Aim (Omitted)

2. Experimental Task

(1) It is required to complete the measurement of voltage waveform、current waveform and the phase of the circuit components shown in the Figure 4-21 (the supply voltage U_S=3V). Then draw the impedance-frequency characteristic curve $R=f(f)$, $X_L=f(f)$, $X_c=f(f)$ according to the test data of Table 4-17.

(2) In the RC parallel circuit of the Figure 4-22, the supply voltage RMS U_S is 20V, the frequency is 50Hz. Please complete the measurements in the Table 4-18 and draw the current phasor diagram.

(3) It is required to complete the measurement of R_L series circuit shown in the Figure 4-23 (the supply voltage RMS U_S is 80V, and the frequency is 50Hz) and draw the voltage phasor diagram. Then please calculate the value of equivalent parameters R_L, L of inductance coil according to the Figure 4-23.

3. Experimental Equipment

A set of electric technology experimental device;

A digital multimeter;

A function signal generator;

A digital oscilloscope;

A digital AC vmillivoltmeter;

Some wires.

4. Experimental Principle

(1) The three elements of the sine.

A sinusoidal quantity has three factors: they are amplitude, frequency, and primary phase. The voltage RMS is commonly used in engineering. The voltage RMS U and the value of amplitude has the relationship of $U=U_P / \sqrt{2}$.

Any branch of the single-phase sinusoidal AC circuits satisfies the equations of $\Sigma u=0$, $\Sigma i=0$.

(2) The relationship of frequency between the impedance of the component and sinusoidal AC signal.

①In the power system, the frequency is often fixed and the inductive reactance X_L of the inductive components and the capacitive reactance of the capacitive components has a certain value. However, it is often required to study the work of the circuit at different frequencies in electronic technology and control systems. When the power supply voltage or current amplitude remains invariant but their frequency is changed, the capacitance and inductance value will change correspondingly, then the impedance frequency characteristic curve can be obtained.

②When measuring the frequency characteristics, we usually use the sampling resistor to measure the current. As shown in the Figure 4-21, 2Ω resistor is selected as the sampling resistor R_1, because it has a small impedance relative to the others resistance R, L, C which makes the u_{R1} much smaller than u_o, so the sampling resistor has little effect on the measurement results. The effective current value of the circuit is u_{R1} / R_1. The digital AC millivoltmeter should be used to measure voltage because of the increasing frequency of the sine signal.

③Frequency characteristics of the resistance components. In the case of low frequency, the impact of inductance L_R and distributed capacitance C_R of the resistance element is usually be ignored, therefore the resistance element is regard as pure resistance. The terminal voltage of resistor and current can be considered in phase, that is $\dot{U}_R = R\dot{I}$, its impedance value frequency characteristic is as shown in the Figure 4-24.

④Frequency characteristics of the capacitor components. When the capacitance components are at high frequencies, the capacitance C, inductance L_c and inductor R_c are series because of the impact the loss resistance R_c due to lead, connectors, high-frequency skin effect and the impact of the inductance L_c due to magnetic flux in the role of current. In the lower frequency, the impact of additional inductance L_c, resistance R_c and dielectric loss resistance R_j can be ignored. so the capacitor components can be seen as the ideal capacitor C, and the terminal voltage of capacitor hysteresis current 90°. Its capacitive frequency characteristics $\dot{U}_c = (-j/\omega C)\dot{I}$ is as shown in the Figure 4-24.

⑤Frequency characteristics of inductance components. Because the inductance element is formed by the wire winding, so the resistance of the wire can not be ignored. When the inductance is connected to the DC power supply and reaches steady state, it can be regarded as the resistance R_L. When the frequency is high, due to the influence of the distributed capacitance C_L, a inductance can be seen as a series connection of the inductor L and the resistor R_L, and then a parallel connection with the distributed capacitance C_L. When the frequency is low, the influence of the distributed capacitance is negligible. It can be seen as the series connection of the inductor L and the resistor C_L. The model is shown in the Figure 4-23.

$\dot{U}_1 = (R_L + j\omega L)\dot{I} = |Z|\angle\varphi' \cdot \dot{I}$, the phase of voltage ahead of current $\dot{I}$ is φ'. If R_L is negligible, then $\varphi'=90°$, and it's inductive frequency characteristic $X_L = f(f)$ as shown in the Figure 4-24.

(3) The value computation of the induction coil equipment parameter R_L, L. Through the experimental measurement of the relevant data, please calculate a phasor diagram or analytic expression, and calculate the value of the equivalent parameters R_L, L, the methods are as follows.

①Phasor diagram calculation method. The Figure 4-25 is the phasor diagram of the Figure 4-23 (RL series circuit). According to the Figure 4-25, obtained by the cosine theorem, and the value of R_L, L can be obtained according to the following formula:

$$U_{R_L} = U_1 \times \cos\varphi', \quad R_L = \frac{U_{R_L}}{I} \tag{4-1}$$

$$U_L = U_1 \times \sin\varphi', \quad L = \frac{U_L}{I\omega} \tag{4-2}$$

Or through the cosine theorem obtained φ, and then calculate R_L, L according to the following formula:

$$U_{R_L} = U_s \times \cos\varphi - U_R, \quad R_L = \frac{U_{R_L}}{I} \tag{4-3}$$

$$U_L = U_s \times \sin\varphi, \quad L = \frac{U_L}{I\omega} \tag{4-4}$$

②Analytic method.

$$Z = \frac{U_s}{I} = \sqrt{(R+R_L)^2 + (\omega L)^2} \tag{4-5}$$

$$|Z_1| = \frac{U_1}{I} = \sqrt{R_L^2 + (\omega L)^2} \tag{4-6}$$

The value of equivalent parameters R_L, L can be obtained by solving the equations of equation (4-5) and (4-6).

5. Experimental Preparation

(1) What are the three elements of sinusoidal volume? What kinds of representations does it have?

(2) What's the relationship among the RMS value of sinusoidal AC and peak value, peak-peak value? What is the relationship between the frequency and period?

(3) What's the phase relationship between the voltage of impedance and current of different nature?

(4) What's the relationship between resistance, inductance, capacitance and the frequency?

(5) What's the function of the sampling resistor in the Figure 4-21?

6. Pre-class Test

(1) In a DC circuit, the pure inductor can be seen as_____ (a. open circuit b. short circuit). The ideal capacitor can be seen as_____ (a. open circuit b. short circuit).

(2) In the AC circuit, the pure capacitor terminal voltage_____ (a. ahead of b. lag) flow through its current 90°.

(3) A classmate with a multimeter to complete the exchange file the Table 4-17 measurement, please analyze the reasons of the experimental results' error.

(4) In the experimental task (1) wiring, why should we connect the signal generator, oscilloscope and digital AC voltmeter ground together? That is called "common ground". Does not "common ground" have any influence on the measurement result?

(5) When measuring the voltage across the coil and the current waveform in the Figure 4-21, is the angle between them 90°？ (a. Yes b. No)

(6) When measuring the impedance frequency characteristic of the circuit shown in the Figure 4-21, can you replace the 2Ω resistor with a small capacitor? (a. Yes b. No)

(7) In the experimental data in the Table 4-17, it's measured that part of the voltage is greater than the supply voltage 3V. Give your reasons.

(8) In the Figure 4-22 shows the RC parallel AC circuit, is that right if the branch current is higher than the total current? And give your reasons.

(9) What's your final shut down sequence after completing the RL series circuit test shown in the Figure 4-23?

(10) There is a sealed box with a single R, L, C components. Their leading-end button is in the surface of the box respectively. Please write down the test methods to distinguish them.

7. After-class Exercise (omitted)

Experiment 5.7 Fluorescent lamp circuit and power factor improvement

1. Experimental Aim (Omitted)

2. Experimental Task

(1) There is the experimental circuit diagram of fluorescent lamp in the Figure 4-26 (the rated voltage of the fluorescent lamp is 220V, the rated power of the fluorescent lamp is 30W). Please complete the measurement for Table 4-19 and record the data you need (U_{on} is the necessary voltage that the fluorescent lamp light, U_{off} is the voltage when the lamp extinguish.), then draw the curve $\cos\theta'=f(C)$ of the relationship between the total power factor of the circuit and the capacitance according to the measurement data of the Table 4-19.

(2) Please draw the phasor diagram of the voltage and current for the circuit and calculate the equivalent parameters R_L, L of the ballast.

(3) The total power factor is maximized by connecting the suited capacitor in parallel, keeping the supply voltage $U = 220V$ constant at this point and incorporating the 20W bulb at both ends of the capacitor bank. I、I_c、I_L、P and the current flowing into the bulb are recorded by integrating the number of bulbs so that the total current I is substantially the same as the total current I value without the parallel capacitor, and the relevant experimental conclusion is obtained.

3. Experimental Equipment

A set of experimental equipment for electric technology;

A current measurement line;

A digital multimeter;

A single-phase intelligent digital wattmeter;

Several wires.

4. Experimental Principle

(1) The composition of the fluorescent lamp circuit.

Fluorescent circuit: it's mainly composed of lamp, starter and ballast. Their connections are shown in the Figure 4-27.

Starter: it consists of a glow tube and a small-capacity capacitor, a fixed electrode and a movable electrode, which are housed in a neon-filled glass bulb. Starter's role in the process is to automatically turn on and off, it is equivalent to a jog switch.

Lamp: it is a vacuum glass tube filled with inert gas and a small amount of mercury and its wall is evenly coated with fluorescent material. Both ends of the glass tube are provided with filament electrodes for emitting electrons. In order to avoid damage to the lamp because the current is too large, two overcurrent protection fuse is connected separately to the ends of the filament. So before the first line, the continuity of the fuse needs to be checked with the multimeter's diode measurement function.

Ballast: it is an inductance coil with a core (Its equivalent parameters are R_L and L), it generates an instant high voltage at startup and prompts the lamp to produce a glow discharge that lights the fluorescent lamp. It has a voltage divider and current limit effect to the lamp.

(2) The working principle of the fluorescent lamp.

When the power is turned on, all the power supply voltage is applied to the two electrodes of the starter, so that the glow discharge tube is produced, so that the two electrode contacts, lamp filament, starter, ballast constitutes a closed loop. There was no voltage at the two electrodes after the contact, the glow discharge was stopped, the bimetal is cooled to its original position state and the two electrodes open. The current in the loop is cut off instantaneously which results in a self-inductance voltage higher than the supply voltage in the ballast, the voltage added the supply voltage is applied on the lamp which causes the inert gas in the lamp tube to ionize and the arcdischarge, the discharge stimulates the phosphor on the inner wall to emit the visible light.

After fluorescent lighting, the voltage across the lamp is low, starter no longer works, fluorescent lamps can be approximated as a circuit connected in series with resistor R and equivalent parameters R_L and L of ballast, and the power supply voltage is distributed proportionally. The calculation method of equivalent parameters R_L, L of ballast please refer to Experiment 4.6 of Chapter 4.

When the fluorescent lamp is working, as the inductive load R、R_L、L is in series, the current is $\dot{I}_L$. Assuming that the phase of the voltage $\dot{U}$ at both ends of the fluorescent lamp is ahead of the phase of the fluorescent lamp current $\dot{I}_L$ angle θ, the power factor of the fluorescent lamp circuit is $cos\theta$. The phasor diagram is shown in Figure 4-28.

(3) The power of the AC circuit.

The active power of the circuit $P = UIcos\theta$, which shows the actual energy absorption of the network size. The closer the power factor is 1, the more active power is absorbed. Active power is consumed by the resistive element.

Reactive power $Q=UIsin\theta$, it represents the size of the energy exchange between the inductor or capacitance and the power supply.

Apparent power S=UI=$\sqrt{P_2+Q^2}$, it represents the capacity of the power supply, as shown in the Figure 4-29.

Power factor $cos\theta=P/S$, it represents the degree of capacity utilization of electric.

(4) The purpose of improving power factor.

Most of the power system is inductive load. Such as the fluorescent lamp is the inductive load, its power factor is generally below 0.6.In order to reduce energy waste and improve power transmission efficiency and utilization, power factor should be increased. A way to improve the inductive load power factor is to connect in parallel the appropriate compensation capacitor across the inductive load to provide some of the reactive power required for the inductive load. After the capacitors are connected in parallel in the circuit, the phase difference between the voltage $\dot{U}$ across the circuit and the total current ($\dot{I} = \dot{I}_L + \dot{I}_c$) is θ', the corresponding phasor graphs are shown in the Figure 4-28. It can be seen from the figure, the cosine of compensation phasor $\cos\theta' > \cos\theta$, namely the power factor has been improved. Similarly, it can be seen from the Figure 4-29, the reactive power of the circuit after compensation from Q to Q' ($Q'=Q-Q_c$), Then $S'<S$, that is $\cos\theta' > \cos\theta$, power factor has been improved.

According to the Figure 4-28, the follow formula is available:

$$I_c = I_L\sin\theta - I\sin\theta' = \left(\frac{P}{U\cos\theta}\right)\sin\theta - \left(\frac{P}{U\cos\theta'}\right)\sin\theta' = \frac{P}{U}(\tan\theta - \tan\theta')$$

And

$$I_c = \frac{U}{X_c} = U\omega C$$

So

$$U\omega C = \frac{P}{U}(\tan\theta - \tan\theta')$$

And a calculation formula for the magnitude of the compensation capacitance C is obtained

$$C = \frac{P}{\omega U^2}(\tan\theta - \tan\theta') \tag{4-7}$$

Where, U is the supply voltage, P is the active power, the unit is W; ω is the electrical angle, the unit is rad/s, $\omega = 2\pi f$ (f=50Hz), $\tan\theta$, $\tan\theta'$ are the phase angle between the voltage of the circuit before and after compensation and the total current.

(5) The power factor is less than 1.

In the fluorescent experiment, because the current from gas discharge in the lamp is not a sine wave, and it can not form two continuous discharges in one cycle. The measured active power shall be the product of the fundamental current of 50 Hz and the supply voltage of the same frequency. In a circuit in which the voltage of the sine wave and the current of the non-sinusoidal wave exist at the same time, the power factor can only be less than 1, but can not reach 1, due to the presence of higher harmonic current. Therefore, we should use the formula (4-7) to calculate the compensation capacitor corresponding to $\cos\theta'=1$.

(6) Overcompensation.

Figure 4-28 shows that as the parallel capacitor increases, the current of the capacitor I_c also increases, which makes $|\theta'|$ gradually smaller and gradually become larger after $|\theta'|$ decreases to zero, then if you continue to increase the capacitor, the power factor is decreased, this phenomenon is called overcompensation. In the case of overcompensation, the system changes from inductive to capacitive, there will be a capacitive reactive current which can not achieve the desired effect of compensation and increase the loss of the distribution lines. In engineering applications, overcompensation should be avoided.

(7) The actual wiring of the fluorescent lamp.

The actual wiring of the inductive ballast and fluorescent lamp is shown in the Figure 4-30.

As the experiment is a strong electrical experiment, you should strictly abide by the electrical operation rules. Before the experiment, you should first connect the lines then give the circuit power; After the end of the experiment, you should first cut off the power then remove the lines. You must pay attention to electricity and personal safety. After each experiment, you need to first turn the three-phase auto-regulator to zero, and then disconnect the power, and then remove the wires.

(8) Description of single-phase AC wattmeter (Referred to as wattmeter).

The power in the circuit is related to the product of voltage and current, so the wattmeter must have two coils, one is the current coil used to get the current, the other is voltage coil used to obtain voltage, they are drawn from wattmeter through four terminals, as shown in the Figure 4-31. In order to ensure that the current flowing in and out of the two coils is in the same direction, the current terminals that the current flowing into are labeled the "U^+" "I^+" or "U^*" "I^*" on the power board, they are called peer terminals. When the active power is measured, the peer terminals of current coil and the voltage coil should be connected to the same polarity of the power, and the current coil should be connected into the circuit in series and the voltage coil should be connected into the circuit in parallel, as shown in the Figure 4-31. In order to protect the wattmeter, the overcurrent protection fuses should be connected to the current coil in series. Therefore, you need to determine the continuity of the fuse, with a multimeter before wiring.

5. Experimental Preparation

(1) What's the working principle of the circuit of fluorescent lamp?

(2) Which one is the nature of the fluorescent lamp circuit among dissipative, reactive and capacitive? What about ballast?

(3) What's the reasons that to improve the power factor of the circuit?

(4) How to calculate the value of corresponding compensation capacitor C when the $\cos\theta'=1$ according to the measured value?

(5) If you want to light up the fluorescent lamp, is the voltage U_{on} must be 220V? When the supply voltage of the fluorescent lamp under 220V, does the fluorescent lamp die out immediately?

6. Pre-class Test

(1) Please list the notes about the experiment of fluorescent lamp.

(2) In the circuit Figure 4-26, if you ignore the fluctuation of the grid voltage, when the capacitance is changed, is the value of the wattmeter and the current I_L of the branch of

fluorescent lamp changing? Please explain why.

(3) The 220V power supply voltage of fluorescent lamp is from_____ (a. phase line and neutral line b. phase line and phase line). Which of the following option is in parallel with the fluorescent tube_____ (a. ballast b. starter).

(4) Does the starter turn on the fluorescent lamp at the moment of break, or at the moment of closing?

(5) What role does the ballast play in the startup process? What role does the ballast play in normal course of work?

(6) What are the types of AC circuit power? What are their meanings?

(7) The current coil of the wattmeter is connected_____ (a. in series b. in parallel) into the loop. The voltage coil of the wattmeter is connected_____ (a. in series b. in parallel) into the loop.

(8) In the experiment of fluorescent circuit, the measured power of wattmeter is_____ (a. apparent power b. reactive power c. active power). In the Table 4-18, the reading of the wattmeter_____ (a. increases first, then decreases b. does not change c. increases) as the capacitance C increases.

(9) Which is incorrect of the following options? (a. if the power factor is improved, the transmission efficiency and utilization of the power will be improved b. the active power of the circuit is constant after a capacitor is connected to a inductive load in parallel c. the reactive power of the circuit is constant after a capacitor is connected to a inductive load in parallel).

(10) The reading of the power factor_____ (a. increases b. does not change c. increases first, then decreases) as the capacitance in parallel increases.

7. After-class Exercise (omitted)

Experiment 5.8 Study on transient process of first order RC circuit

1. Experimental Aim (Omitted)

2. Experimental Task

(1) Observing the charge and discharge process of the circuit with the oscilloscope as shown in the Figure 4-32. Drawing the charge and discharge curves quantively, and finding the discharge time constant τ.

(2) Designing a RC differential circuit in which time constant τ is 1ms. That requires:

① Please calculate the circuit parameters and draw the circuit diagram.

② The input and output waveforms of the circuit when $T=\tau=1$ms, $T=10\tau=10$ms and $T=0.1\tau=0.1$ms are required to record respectively by changing the period T of the square wave of the output signal of the signal generator and keeping the circuit time constant τ. Then the conditions that the circuit outputs the differential waveform are obtained.

(3) Designing a RC integral circuit in which time constant τ is 1ms. That requires:

① Please calculate the circuit parameters and draw the circuit diagram.

② The input and output waveforms of the circuit when $T=\tau=1$ms, $T=10\tau=10$ms and $T=0.1\tau=0.1$ms are required to record respectively by changing the period T of the square wave of the output signal of the signal generator and keeping the circuit time constant τ. Then the conditions that the circuit outputs the integral waveform are obtained.

3. Experimental Equipment

A set of experimental equipment for electric technology;

A oscilloscope;

A function signal generator.

4. Experimental Principle

(1) The transition process of circuit.

In a circuit containing inductive and capacitive energy storage elements, due to a sudden change in circuit structure, parameters, or supply voltage occurs and a new steady state is reached after a certain period of time. This process is called a transition process or a transient process.

(2) The time constant τ.

It is the decisive factor of transition speed of the circuit, the speed of the transition process depends on the circuit structure and parameters. For the first order RC transient circuit shown in the Figure 4-33, its time constant is τ ($\tau=RC$). The larger the value is, the longer the transition is and the slower the corresponding curve changes. The Figure 4-34 quantitatively reflects the relationship between time constant under the DC excitation of the first-order circuit and the circuit transition process. The Figure 4-34 (a) shows the charge waveform of the capacitor when the switch is driven to the 1 position. The Figure 4-34 (b) shows the discharge waveform of the capacitor when the switch is driven to the 3 position.

(3) Measurement method of time constant τ.

The experimental methods for measuring the time constant τ ($\tau=RC$) of the first-order RC transient circuit through the capacitive charging (or discharging) process are as follows.

Method one: the time constant can be obtained by recording the time elapsed from the start of the charging of the capacitor until the charging voltage or current rises to its steady state value U_o (I_o) at times of 0.632 by the stopwatch method, as shown in Figure 4-34 (a). Or recording capacitor discharge to the discharge voltage or current drops to its initial value U_o (I_o) at times of

0.632 then the time constant τcan be obtained by the time, as shown in Figure 4-34 (b).

Method two: if U_S=10V, read the start coordinates (T_1, 10V) of the discharge curve in the oscilloscope and the coordinates (T_2, 3.68V) corresponding to 3.68V of the discharge curve, then calculate $\Delta t = T_2 - T_1$, time constant is obtained.

(4) Differential circuit

The following figure is an RC series circuit, and the resistance side is the output terminal. The circuit is the differential circuit when the time constant $\tau \ll T/2$ (T is period of the square wave signal u_S) as shown in the Figure 4-35. The output $u_R \approx RC \dfrac{du_S}{dt}$, the output waveform u_R is the sharp pulse, as shown in Figure 4-36 (b). It is often use differential circuit to get the timing trigger signal in practical applications.

(5) Integral circuit.

The following figure is an RC series circuit, and the capacitor side is the output terminal. The circuit is the integral circuit when the time constant $\tau = RC \gg T/2$ (T is period of the input square wave signal u_S) as shown in Figure 4-35 (b). Its output $u_c \approx \dfrac{1}{RC} \int u_S dt$, the output waveform u_c is triangular wave approximately as shown in Figure 4-36 (c). It is often use the integral circuit to change square wave into triangular wave in practical applications.

5. Experimental Preparation

(1) Review the relevant knowledge about the first-order circuit transition process.

(2) What are the physical meaning of the circuit time constant τ?

(3) What are the conditions of the RC differential circuit and integrated circuit should have? Please try to derive its output expression.

(4) Observing the RC charge and discharge curve with oscilloscope, the oscilloscope coupling mode into the "DC" block, and the channel modulation ratio multiplied by 10, while the probe attenuation placed ×10, the oscilloscope horizontal scan rate to 1S/div. The scan starting point of the oscilloscope is set to the far left of the screen.

(5) When observing the input and output voltage waveforms of RC integrating circuit and differential circuit, the position of scanning baseline and voltage attenuation knob should be keep consistent. The two channels mode of coupling should placed "DC" and the two channel zero-potential baseline should be adjusted to coincide of the oscilloscope.

(6) To prevent external interference, the ground terminal of the signal generator and the ground terminal of the oscilloscope must be connected to the grounding end of the circuit (called the common ground).

(7) Please read carefully the use of the cursor measurement keys in Chapter 2, Section 2.8 Digital Oscilloscope.

(8) To understand the use of SPDT switch.

6. Pre-class Test

(1) In RC first-order circuit, it is known that $R=10\text{k}\Omega$, $C=0.1\mu\text{F}$, how much the time constant τ is_____?

① 1ms ② 0.7ms ③ 1.1ms

(2) In RC series circuit, when the cycle of external power supply is the square wave of T, if the voltage waveform on the capacitor is approximately triangular wave, which conditions need to be satisfied in the following options? _____

① $\tau=T$ ② $\tau<<T/2$ ③ $\tau>>T/2$

(3) In RC series circuit, when the cycle of external power supply is the square wave of T, what conditions should the parameters meet to keep the resistance voltage waveform is approximately square wave? _____

① $\tau=T$ ② $\tau<<T/2$ ③ $\tau>>T/2$

(4) In RC series circuit with square wave excitation, what conditions should be meet to keep the resistance of the voltage waveform is similar to the sharp pulse? _____

① $\tau=T$ ② $\tau<<T/2$ ③ $\tau>>T/2$

(5) Why should the oscilloscope probe attenuation placed ×10 when use the oscilloscope to observe charge and discharge in RC circuit? _____

① measurement convenience ② improve accuracy ③ increase with load capacity

(6) Why should the oscilloscope scan starting point is set to the far left of the screen when use the oscilloscope to observe charge and discharge in RC circuit? _____

① easy to read ② can read the complete τ ③ measurement error

(7) During measuring τ in this experiment, why should the oscilloscope horizontal scan rate to 1S/div when use the oscilloscope to observe charge and discharge in RC circuit? _____

① scan rate needs to be fast ② scan rate should slow ③ measurement error is small

(8) How's the two ends output in RC differential and RC integration circuit? _____

① They are both output from the two ends of resistor

② They are both output from the two ends of capacitor

③ RC differential circuit is output from the two ends of resister, RC integral circuit is output from the two ends of capacitor

(9) The discharge time constant τ of the first-order RC circuit can be measured experimentally by using the voltage (or current) of the discharge of the capacitor. The constant τ of the circuit is record as the time that falls to the times of maximum value_____.

① 0.618 ② 0.632 ③ 0.368

(10) When observing the integral circuit waveform, it's need to connect one end of the capacitor to the resistor and the other end to the_____.

① the positive pole of the signal source

② the ground of the signal source

③ no requirement

7. After-class Exercise (omitted)

Experiment 5.9 RLC series resonance circuit

1. Experimental Aim (Omitted)

2. Experiment Task

Design a RLC series resonant circuit with a resonant frequency of 9 kHz and a quality factor Q of 4 and 2 respectively (where L is 30mH and $C=0.01\mu F$). The required as follows.

(1) It is required to calculate resistance parameter values of the circuit when $Q_1=2$ and $Q_2=4$, and draw the circuit diagram.

(2) It is required to complete the test of current resonance curve $I=f(f)$ of the circuit while $Q_1=2$ and $Q_2=4$. Please record Table 4-20 and explain the relationship between capacitor voltage and supply voltage when the resonance happened with the experimental data. According to resonance curve, and explaining the physical meaning of the quality factor Q and its impact for resonance curve. And test the bandwidth of resonance curve and its lower and upper limit frequency while Q_1 is about 2, Q_2 is about 4.

(3) It's required to use the characteristics of the same in phase of current and power supply in resonant circuit, keep the amplitude of signal source unchanged, and chang the frequency of the signal source, use the method of measuring circuit voltage and current waveform phase with digital oscilloscope to find the circuit resonance point, then draw the response waveform of input power supply voltage and output current.

(4) According to the experimental test data, it is required to calculate the actual quality factor Q of the circuit, then have an analysis of the causes of errors, make an appropriate adjustments for the experimental program and re-amendment it, then complete the final experimental measurement and calculate the measurement error again.

3. Experimental Equipment

A set of electrical technology experimental device;

A set of RLC series resonance circuit board;

A digital oscilloscope;

A function signal generator;

A AC digital millivolt meter;

Several wires.

4. Experimental Principle

(1) RLC series circuit.

In the RLC series circuit, when the frequency of sinusoidal AC signal source changes, the inductive reactance, the capacitive reactance and the current of the circuit also change with the frequency. For the RLC series circuit, the complex impedance of the circuit $Z=R+j[\omega L-1/(\omega C)]$.

(2) RLC series resonance.

Resonance is a special working condition of sinusoidal steady-state circuit. When the value of reactance $X=\omega L-1/(\omega C)=0$ and the current of circuit and voltage of power supply is in phase, the series resonance will occur, this frequency is the series resonant frequency f_0

$$f_0 = \frac{1}{2\pi\sqrt{LC}} \quad (4\text{-}8)$$

Series resonant has the following characteristics.

① When the series resonance occurs, the value of reactance X is 0 and the current of circuit and voltage of power supply is in the same phase.

② When the series resonance occurs, the modulus of impedance is minimum, that is, $|Z|=R$, the current RMS of circuit is maximum.

③ The modulus of the inductor voltage is equal to the modulus of the inductor capacitor voltage. Capacitors and inductors do not absorb active power from the power supply, nor absorb reactive power from the power supply, but they exchange energy from each other, in this case, the voltage of resistance is equal to the voltage of power supply.

④ The ratio of the voltage of the capacitor (or inductor) to the supply voltage is the quality factor.

$$Q = \frac{U_c}{U_s} = \frac{U_L}{U_s} = \frac{1}{\omega_0 RC} \quad (4\text{-}9)$$

Where, U_c is the effective value of the capacitor voltage; U_L is the effective value of the inductor voltage; U_s is the effective value of the supply voltage. The resistance R is inversely proportional to the quality factor Q, the magnitude of the resistance R affects the quality factor Q.

(3) Frequency characteristic.

Frequency characteristiccontains amplitude-frequency characteristic and phase-frequency characteristic.In the actual measurement of the frequency characteristics, you can take the voltage u_R of resistor R as the output response. If the amplitude of the input voltage u_s remain unchanged, the frequency characteristic is as follows:

① Amplitude-frequency characteristic: the ratio of the output voltage RMS U_R to the RMS value of the input supply voltage U_s (U_R/U_s) is a function of the angle function or frequency.

② Phase-frequency characteristic: the phase difference between the output voltage u_R and the input voltage u_s is a function of the angle function or frequency.

③ Resonance curve: the resonance curve of the current in the series resonance circuit is the curve of the current with frequency in the circuit. (U_R/U_s is the vertical axis, as U_s is unchanged, U_R can be used as vertical axis and U_R/R can also be used as vertical axis) as shown in Figure 4-38.

④ Upper and lower limit frequency: when $U_R / U_s = 0.707$, or $U_R = 0.707 U_s$, that is, the ratio of the output voltage U_R to the input voltage RMS U_s decreases to 0.707 times the maximum, the corresponding two frequencies are the lower limit frequency f_L and the upper limit frequency f_H, respectively. The difference between the upper and lower limit frequencies is defined as the passband BW = $f_H - f_L$. The width of the passband is related to the resistance.

In engineering, the pass band (BW) is commonly used to compare and evaluate selectivity of the circuit. The passband BW is in inverse proportion to the quality factor Q. The larger the Q value is, the narrower the BW is, the sharper the resonance curve is and the better the selectivity of circuit is. In telecommunications engineering, the series resonance is often used to get a higher signal, such as the radio get a radio station; In power engineering, on the contrary, the resonance should be avoided, which may break down the capacitor and the inductance coil due to over-voltage.

(4) The method of measuring resonance point in laboratory.

Method one: find the resonance point by measuring the voltage. Determine the resonance point with the method of monitoring the maximum voltage of resistance (the voltage is approximately equal to the power supply voltage value, that is, the circuit current reaches the maximum value) with digital AC voltmeter in series circuit, by keeping the input AC power voltage value unchanged, and change its frequency. Now the frequency is the series resonant frequency f_0.

Method two: find the resonance point by digital oscilloscope measurement method. By keeping the input AC power voltage value unchanged, and change its frequency only, then find resonance point by method of observing the voltage across the resistor and the current waveform. When the resonance is reached, the voltage waveform of resistance in the circuit is in phase with the current waveform.

(5) The two measurement methods of circuit quality factor Q.

Method one: determine the resonance formula $Q = U_c / U_s = U_L / U_s$.

Method two: by measuring the passband width of the resonant curve, that is BW = $f_2 - f_1$, then the Q value can be obtained according to $Q = f_0 / (f_2 - f_1)$.

(6) Considering the effect of resistance in actual circuit, modify the experimental measurement program.

In this experiment, if we do not consider the internal resistance of inductor, the leakage resistance of capacitance and the output resistance of signal source of the RLC series circuit, there will be a great difference between the measurement error and the theoretical value. In particular, the larger the Q value is, the greater the measurement error is. For this reason, in order to reduce the circuit measurement error, we can use experimental methods to find and measure the original neglected resistance $R' = R_L + R_C + R_0$, that is, the resistance R' contains the resistance $R_L + R_C$ of the inductance and capacitance which are ignored and internal resistance R_0 of the output signal source.

We can use the following method to measure the internal resistance of inductance and capacitance, and the signal source output resistance R_0. Its equivalent circuit model as shown in the Figure 4-39. A digital oscilloscope is connected to the both ends of the resistor R (it can be calculated by the equation 4-9) and signal generator, then you need to adjust the frequency of signal generator so that the power supply voltage and current waveform of digital oscilloscope has the same phase. At this time, we can say the circuit is resonance circuit, and the supply voltage U is all added to all the resistors (R_L, R_C, R_0 and R) in the circuit, and then the voltage of the resistor U_R can be measured (note: It is have to keep common ground of the digital AC voltage and the function of the signal generator when the voltage of U_R is measured). The following formula can be obtained:

$$R' = R_L + R_C + R_0 \tag{4-10}$$

And we can calculate

$$R' = (U - U_R) / (U_R / R) \tag{4-11}$$

Therefore, the resistance R should be the sum of R' (R_L、R_C、R_0) and R_{actual} in the actual circuit. The original circuit (without considering the resistance R' of circuit) can be equivalent to the circuit shown in the Figure 4-40, which has modified already.

$$U_{Rtotal} = U_{Ractual} \times (R_{actual} + R') / R_{actual} \tag{4-12}$$

For example, when $Q=2$, the resonance frequency $f_0=9\text{kHz}$, $R=1/(Q\omega_0 C) =885\ \Omega$

$$R_{actual} = R - R' \tag{4-13}$$

The actual value of the resistance can be calculated in series resonant circuit $R_{actual} = [885 - (R_L + R_C + R_0)]\ \Omega$.

$$Q_{actual} = U_C / U_{Rtotal} = U_C / (885 \times U_{Ractual} / R_{actual})$$

In fact, considering the exist of R', there are many ways to calculate the resistance R_{actual}, you can also directly find the actual value of R_{actual} through experimental methods (for example, you can adjust the value of resistance of the resistance box directly and detect the voltage of the capacitor with AC digital millivolt meter so that $U_C = Q U_s$).

5. Experimental preparation

(1) You should know the structure and characteristics of series resonant circuit.

(2) You should master the commonly methods of finding resonance point in laboratory.

(3) You must use the digital AC voltmeter to test when the AC voltage RMS of circuit components is measured for the wide frequency range of this experiment.

(4) Please notice that the black probe (or black clip) of the digital AC millivoltmeter is always should connected to the ground wire of signal generator when you measure the voltage of the resistor and the voltage of the capacitor, or measure the voltage of the inductor and capacitor.

(5) Please pay attention to monitor the value of voltage to ensure that the input voltage RMS remains unchanged in regulating its frequency, due to the internal resistance of the signal

generator.

(6) You should complete the measurement of the resonance curve first, then draw the resonance curve $I=f(f)$ in the same coordinate according to the test results and explains the physical meaning of the quality factor Q and the influence of the quality factor on the curve.

(7) It is required to calculate the parameters of the circuit according to the requirements of the topic and draw the actual circuit diagram.

(8) In this experiment, we need to complete the test of the current resonance curve $I=f(f)$ of the circuit while $Q_1=4$ and $Q_2=2$ and record four or five key points on both sides of the resonance point respectively (including resonance frequency f_0, upper limit frequency f_H, lower limit frequency f_L). The passband is calculated $BW=f_H-f_L$.

(9) It is required to find the resonant point with another method, draw the waveform of the input voltage u_s and the output voltage response u_R (which reflect the current signal), then measure the voltage and current, and determine the nature of the circuit (resistive, inductive, capacitive).

6. Pre-class test

(1) What instruments should be used to measure the AC voltage of an RLC series resonant circuit in the experiment? _____

① Digital voltmeter ② Digital AC meter ③ Digital oscilloscope

(2) According to current resonance curve in the series resonant circuit, which frequency points of corresponding resonant current should be take in measuring the upper and lower frequency? _____

① $0.707I_m$ ② $0.5I_m$ ③ $0.368I_m$

(3) Does the magnitude of the resistor R influence the magnitude of the resonant current in RLC series resonant circuit? _____

① Influential ② No effect ③ Uncertain

(4) Does the magnitude of the resistor R influence the resonant frequency in RLC series resonant circuit? _____

① Influential ② No effect ③ Uncertain

(5) What is the nature of the circuit in series resonance? _____

① Pure resistance ② Pure capacitor ③ Pure inductor

(6) What's the relationship of the voltage of the capacitor and inductor when series resonant circuit reaches the resonant point? _____

① $U_L=U_C=0V$ ② $U_L \neq U_C$ ③ $U_L=U_C=QU_s$

(7) What's the relationship of the voltage of the resistor when series resonant circuit reaches the resonant point? _____

① $U_R=U_L=U_C$ ② $U_R=0V$ ③ $U_R=U_s$

(8) In series resonant circuit, the voltage of the capacitor will reach._____

① Maximum   ② 0   ③ Minimum

(9) There is a series resonant circuit as shown in the Figure 4-41. In order to reduce measurement error, which figure should be selected when measuring the voltage of the capacitor? _____

① Figure a   ② Figure b

(10) What's the main cause of measurement error in series resonant circuit? _____

① The internal resistance of inductor, the leakage resistance of the capacitor, the output impedance of signal generator

② The internal resistance of inductor

③ The output impedance of signal generator

7. After-class Exercise (omitted)

Experiment 5.10 Three-phase AC circuit measurement

1. Experimental Aim (Omitted)

2. Experimental Task

(1) The Figure 4-42 shows the method of wiring using the two-wattmeter, in the figure, several 20W incandescent lamps triangular (△) connection circuit, the power supply voltage U_l is 220V.

According to the Figure 4-42, please complete the measurement of the circuit parameters listed in the Table 4-21. The load conditions are as follows.

① The load is symmetrical (the load of every phase are 60W).

② The load is asymmetry (the load of U phase is 20W, the load of V phase is 40W, the load of W phase is 60W).

(2) The Figure 4-43 is star (Y) connection circuit composed of a number of 20W incandescent, the line voltage of power U_l=220V. It is required to complete the measurement of the circuit parameters listed in the Table 4-22, when the circuit has a neutral line and not a neutral line, respectively. The load conditions and the wiring of wattmeter are as follows.

① The load is symmetrical (the load of every phase are 60W), you can use "a wattmeter" method to measure the circuit.

② The load is asymmetry (the load of U phase is 20W, the load of V phase is 40W, the load of W phase is 60W), you can use "three wattmeter" method to measure the circuit.

(3) Use "one wattmeter" method to complete the measurement of the total reactive power of three-phase three-wire symmetrical load shown in the Figure 4-44.

(4) The circuit shown in the Figure 4-45 is a star-connected phase sequence circuit consisting of two 40W incandescent lamps and a 2.67μF (derived from a 2.2μF and a 0.47μF in

parallel) capacitor, you need to complete the measurements in the Table 4-23 and get the phase sequence.

3. Experimental Equipment Required

A set of electrical technology experimental device;

A digital multimeter;

Two single-phase intelligent digital wattmeter;

Several wires.

4. Experimental Principle

(1) Symmetrical three-phase AC power supply.

Symmetrical three-phase AC power supply is composed of three sinusoidal voltage sources with the same frequency, equal amplitude but their phases are in turn different by 120°, the three sources are connected in a star(Y)or delta($\triangle$)connection. Correspondingly, their connection has two structures, three-phase three-wire structure and three-phase four-wire structure. The frequency f of our country's three-phase power is 50Hz, and the connection structure of civil power supply is three-phase four-wire system, the supply voltage of majority of residential households is 220V. The power frequency of Japan, the United States, Europe and other countries is 60Hz, their civil power supply voltage is 110V or 220V. The power supply lead are represented by L_1, L_2, L_3, and the power supply voltage are expressed by u_1、u_2 and u_3. The power leads to the load are represented by U, V, W. The voltage of the load are expressed by u_u, u_v, u_w.

(2) The connection of load.

The connection of load has two ways, in a star (Y) or delta ($\triangle$) connection.

① In the three-phase circuit of which the load is symmetrical, the load is connected in a star (Y) way. Its line voltage U_l is $\sqrt{3}$ times of the phase voltage U_p, and the phase of the line voltage advanced the phase voltage 30°, the line current I_l is equal to the phase current I_p, that is $U_l=\sqrt{3} U_p$, $I_l=I_p$. The current I_N flowing through the neutral line is equal to zero.

② In the three-phase circuit of where the load is symmetrical, the load is connected in a triangle ($\triangle$) way. Its line voltage U_l is equal to the phase voltage U_p, and the phase of the line current lag the phase voltage 30°, the line current I_l is $\sqrt{3}$ times of the phase current I_p, that is $I_l=\sqrt{3} I_p$, $U_l=U_p$.

③ The role of the neutral line. The low-voltage three-phase circuit whose load is asymmetrical and connected in a star (Y) way is generally connected in three-phase four-wire way. If the neutral line is not connected, the load voltage of each phase can not be guaranteed because of the drift of the neutral point, its load will be not work, or even be damaged. Therefore, by connecting the neutral line, the voltage load of each phase will not affect each other, so the fuse is not allowed to be connected to the neutral line.

(3) The power measurement of three-phase load..

The total active power absorbed by the three-phase loads is equal to the sum of the active power of the load of each phase.

① The power measurement of three-phase four-wire load symmetrical circuits. You can use "a wattmeter" method to measure the power of three-phase four-wire symmetrical circuits, as shown in the Figure 4-43 (without P_V、P_W wattmeter). The total power of the three-phase load is equal to the power of any phase multiplied by three, that is $P=3P_U$.

② The power measurement of three-phase four-wire load asymmetrical circuits. You can use "three wattmeter" method to measure the power of three-phase four-wire asymmetrical circuits, as shown in the Figure 4-43 (with P_U、P_V、P_W wattmeter). The total power of the three-phase load is equal to the sum of the power of each phase measured by three power meters, that is $P=P_U+P_V+P_W$.

③ The power measurement of three-phase three-wire circuit. You can use "two wattmeter" method to measure the power of three-phase three-wire circuits, as shown in the Figure 4-42. The total power of the three-phase load is equal to the sum of the power of each phase measured by two power meters, that is $P=P_1+P_2$. The wiring principle of "two wattmeter" method is that the identical terminals of the voltage and current coils of the wattmeter connect to each other and then connect to the terminals of power, the non-identical terminal of current coils of two wattmeter are connected respectively in series into any two-phase circuit, the non-identical terminal of voltage coils of two wattmeter are connected respectively to the terminals of power which is not connected to current coils of the wattmeter. Figure 4-42 shows the (I_U, U_{WV}) and (I_W, U_{WV}) connection method. There are two other connection methods: (I_U, U_{UW}) and (I_V, U_{VW}) and (I_V, U_{VU}) and (I_W, U_{WU}) connection methods. When the load is inductive or capacitive and the phase difference of voltage and current $|\varphi|>60°$, if the power meter reading is negative (or the pointer is reverse-biased), the two terminals of the current coil of the reverse-wattmeter should be reversed (the voltage coil terminals can not be reversed) and the reading should be negative value.

In practice, a three-phase AC wattmeter is often used to take the place of two single-phase AC wattmeter.

④ Measurement of reactive power of three-phase circuit. For three-phase three-wire load symmetrical circuit, a wattmeter can be used to measure the reactive power Q of three-phase load, as shown in the Figure 4-44. Assuming the measured result wattmeter is P, then the reactive power Q of the three-phase circuit is equal to $\sqrt{3}P$. The Figure 4-44 shows the (I_U, U_{VW}) connection method. There are two other connection methods, (I_V, U_{UW}) or (I_W, U_{UV}) connection method. When the load is inductive, the reactive power is positive; when the load is capacitive, the reactive power is negative.

(4) The judgment of phase sequence of three-phase power supply.

Three-phase power phase sequence for the irreversible transmission of the transmission equipment is very important.If the phase sequence is incorrect, it will cause the motor to run in reverse. This will damage the transmission equipment. In the electrical engineering wiring before installation, it is need to use a special phase sequence indicator to determine the phase sequence. The three-phase sequence can also be determined by a simple asymmetric three-phase three-wire star(Y) circuit consists of a capacitor and two incandescent lamps. The phase sequence protectors is essential for the protection of the phase sequence in operation.

The Figure 4-45 is a phase sequence determination circuit consists of a capacitor and incandescent lamp.

Assume that $\dot{U}_1$, $\dot{U}_2$, $\dot{U}_3$ are phase voltage of three-phase symmetrical power and $\dot{U}_U$, $\dot{U}_V$, $\dot{U}_W$ are phase voltage of three-phase load, the drift voltage of neutral point is

$$\dot{U}_{N'} = \frac{\dfrac{\dot{U}_1}{-jX_C} + \dfrac{\dot{U}_2}{R_B} + \dfrac{\dot{U}_3}{R_C}}{\dfrac{1}{-jX_C} + \dfrac{1}{R_B} + \dfrac{1}{R_C}}$$

Let, $X_C = R_B = R_C$, $\dot{U}_1 = U_P \angle 0°$, then $\dot{U}_{N'} = (-0.2 + j0.6)U_P$, then $U_V = 1.5 U_P$, $U_W = 0.4 U_P$.

As $U_V > U_W$, the incandescent lamps of L_2-phase are lighter than the incandescent lamps of L_3-phase. Assuming that the phase of power supply to which the capacitor is connected is L_1 phase, then the phase of power supply to which the bright incandescent lamp is connected is L_2 phase, the phase of power supply to which the dark incandescent lamp is connected is L_3 phase.

5. Experimental Preparation

(1) What are the characteristics of three-phase AC power?

(2) What are the characteristics of the two connections of three-phase load? The symmetry and asymmetry load have any effect to the circuit? It is required to understand the importance of the neutral line.

(3) For the three-phase AC power supply with different structures, what are the differences of three-phase power of load measurement?

(4) Why the three-phase power phase sequence can be determined through a circuit composed of one capacitor and two incandescent lamps?

(5) When the load isa triangular (Δ) connection, what is the condition of $I_l = \sqrt{3} I_p$

6. Pre-class Test

(1) Please list the similarities and differences between the three-phase AC circuit experiment and the fluorescent lamp experiment.

(2) What rules need to follow when a three-phase load is connected in a triangle way or a star way?

(3) If the power phase voltage of the task (2) and task (4) are adjusted to 220V, what will happen? what is the reason?

(4) The reactive power of three-phase AC circuit $Q = 300 kVar$, $S = 500 kVA$, the active power P is equal to _____ (a. 200kW b.400kW c.300kW).

(5) When the symmetrical load of the three-phase AC circuit is connected in star Y way, its line voltage is equal to_____ (a. $\sqrt{2}$ times b.0.707 times c. $\sqrt{3}$ times) times of the phase voltage.

(6) There is a transformer $S = 300\text{kVA}$, power factor $\cos\varphi = 0.8$, the active power P is_____ (a. 240kW b.310kW c.375kW).

(7) There is a three-phase AC 380V power supply connected in star (Y) way, the power supply to a three-story plant for lighting, each floor is connected to one phase load of a three power, the total power of the incandescent lamps of each layer is equivalent and the lamps are connected in a star (Y) way. What is the terminal voltage of all the lights if all the lights are on? When all lights of a layer die out, how much the terminal voltage of other two layers become? What changes in brightness?

(8) What will happen when one phase load (A-X) is short-circuited and the neutral line is switched off in the star (Y) connection experiment of load.

(9) Two bulbs of which the rated voltage is 220V are connected in series to the 380V power supply, a bulb is 100W, the other bulb is 40W, this will cause_____(a. 40W b.100W and 40W c.100W) bulb burned.

(10) In what way household appliances access to the circuit? _____ (a. In series b. in parallel.)

7. After-class Exercise (omitted)

第6章 综合实验项目研究与实践

实验6.1 温度测量与显示电路

1. 实验任务

设计一个简易温度测量与显示电路。

（1）基本功能实现

① 用LED显示温度范围30～70℃的电路，显示温度间隔为5℃。

② 当温度高于70℃时，红灯亮，启动报警系统停止加热；当温度低于30℃时，红灯亮，启动报警系统开始加热。

（2）扩展功能

设计通过数码管显示温度范围0～70℃的电路。当温度高于70℃时，红灯亮，启动报警系统停止加热。

2. 电路设计提示

如图6-1所示为温度测量与显示电路框图。采样电路将温度信号变换成电压信号，经过放大后，送入比较器电路，输出到LED并显示温度在30～70℃，显示温度间隔为5℃。当温度大于70℃时，红灯亮，启动报警系统停止加热；当温度低于30℃时，红灯亮，启动报警系统开始加热。同时送入三极管驱动电路，控制继电器使得加热器电路进行加热或停止加热。

如图6-2所示为测温电桥电路，温度传感器R_T与R_1、R_2、R_3、R_{w1}组成测温电桥。温

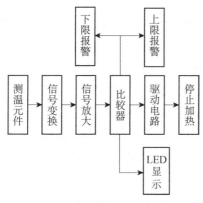

图6-1 温度测量与显示电路框图

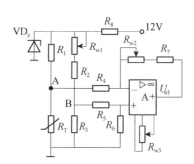

图6-2 测温电桥电路

度传感器的温度系数与流过的工作电流有关。VD_z 是为了稳定温度传感器的工作电流，从而达到稳定其温度系数的目的。R_{w1} 调节测温电桥的平衡。R_{w3} 为调零电位器。

当 $R_4=R_5$，且 $R_7+R_{w2}=R_6$ 时，$U_{o1}=\dfrac{R_7+R_{w2}}{R_4}(U_B-U_A)$

可见，输出电压仅取决于两个电压之差与外部电阻的比值。

通常也可以采用如图 6-3 所示的温度传感器采样电路。温度传感器 R_T 与 R_1 阻值须相匹配，使得测温电路的输出电压在题目要求的范围内变化，表 6-1 给出了 MF11-20 型热敏电阻-温度特性参数值，供设计时参考。

表 6-1 MF11-20 型热敏电阻-温度特性参数值

型号	0℃	10℃	25℃	30℃	40℃	50℃	80℃
MF11-20	55.5kΩ	33.2kΩ	15kΩ	11.7kΩ	7.3kΩ	4.7kΩ	1.2kΩ

如图 6-4 所示为驱动加热器电路，当 u_o 为低电平时，晶体管 T 截止，继电器释放，加热器断电；当 u_o 为高电平时，晶体管 T 导通，继电器吸合，加热器工作。

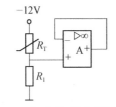
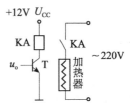

图 6-3 温度传感器采样电路　　　　图 6-4 驱动加热器电路

实验 6.2 去噪声电路

1. 实验任务

设计一个简易去噪声电路。

（1）基本功能实现

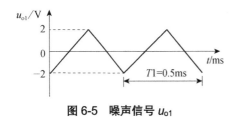

图 6-5 噪声信号 u_{o1}

① 电路的其中一个输入信号通过函数信号发生器提供的正弦波信号 $u_{i1}=0.1\sin2\pi f_0 t$（V），且频率为 $f_0=600$Hz，另一个输入是由自制振荡器产生的噪声信号 u_{o1}，u_{o1} 波形如图 6-5 所示。

② 正弦信号 u_{i1} 与噪声信号 u_{o1} 叠加后满足关系式 $u_{o2}=10u_{i1}+u_{o1}$。叠加后输出 u_{o2} 需经过选频滤波器滤除噪声信号 u_{o1} 的频率分量，从而选出频率为 f_0、峰峰值为 8V 的正弦波信号 u_{o3}。

（2）扩展功能

u_{o3} 信号输出到 4.7kΩ 负载上得到输出峰峰值为 7V 的正弦信号 u_{o4}。

2．电路设计提示

图 6-6 所示为去噪声电路原理框图。虚线框内为扩展功能（u_{o3} 信号输出到 4.7kΩ 负载上得到峰峰值为 7V 的输出电压 u_{o4}）。信号源的正弦信号与三角波发生器输出的噪声信号 u_{o1} 一起送入加法器，经过选频滤波器滤除 u_{o1} 的频率分量，得到频率为 f_0、峰峰值为 8V 的正弦波 u_{o3}。再经过比较器等电路输出到 4.7kΩ 负载上，最终实现输出峰峰值为 7V 的正弦信号 u_{o4}。

图 6-6　去噪声电路原理框图

如图 6-7 所示为三角波发生电路。A_1 为滞回比较器，A_2 为积分器。电路的振荡周期为

$$T = \frac{4R_1R_3C}{R_2}$$

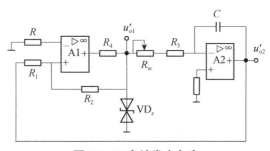

图 6-7　三角波发生电路

输出三角波发生电路的幅值为

$$U_{O2M}' = \frac{R_1}{R_2} U_D$$

因此，通过调节 R_w 可以改变振荡周期，通过改变 R_1/R_2 比值可调节输出三角波的幅值。

实验 6.3　信号波形分离及合成实验电路

1．设计信号波形分离及合成实验电路

（1）基本功能实现

① 设计实现制作一个 300kHz 的方波发生器。

② 方波振荡器的信号经分频与滤波处理，同时产生频率为 10kHz 和 30kHz 的正弦波信号，这两种信号应具有确定的相位关系。

③ 产生的信号波形无明显失真，幅度峰峰值分别为 6V 和 2V。

④ 制作一个由移相器和加法器构成的信号合成电路，将产生的 10kHz 和 30kHz 正弦波信号，作为基波和 3 次谐波，合成一个近似方波，波形幅度为 5V，合成波形的形状如图 6-8 所示。

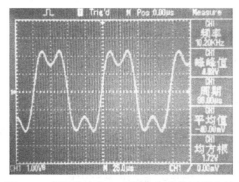

图 6-8　利用基波和 3 次谐波合成的近似方波

（2）扩展功能

① 在上述基本功能④基础上，再产生一个 50kHz 的正弦信号作为 5 次谐波，参与信号合成，使合成的波形更接近于方波，如图 6-9 所示。

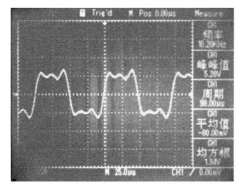

图 6-9　利用基波和 3、5 次谐波合成的近似方波

② 根据三角波谐波的组成关系，设计一个新的信号合成电路，将产生的 10kHz、30kHz 等各个正弦信号，合成一个近似的三角波形，如图 6-10 所示。

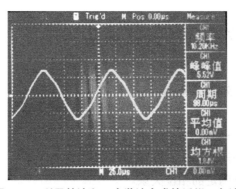

图 6-10　利用基波和 3 次谐波合成的近似三角波

2. 电路设计提示

本实验项目是对一个特定频率的方波进行变换产生多个不同频率的正弦信号,再将这些正弦信号合成为近似方波和近似三角波。其电路框图如图 6-11 所示。

首先制作一个 300kHz 的方波发生器,并在这个方波上进行分频;必要时进行信号转换,分别产生 10kHz、30kHz 和 50kHz 的正弦波,然后对这三个正弦波进行频率合成,合成后的目标信号为 10kHz 近似方波和近似三角波。

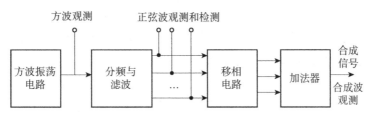

图 6-11 信号波形分离及合成实验电路框图

下面仅介绍滤波电路模块(产生 $f=10$kHz 的滤波电路)的参考电路,如图 6-12 所示。图 6-12 中设计的滤波电路是采用运算放大器搭建的二阶低通滤波器,通过理论计算与计算机仿真,对电路中的电阻电容匹配正确的值,可实现对任意信号进行滤波处理。该滤波电路具有稳定性强、可靠性高及灵活性强等优点。

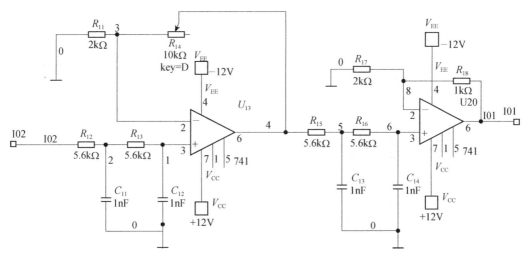

图 6-12 产生 $f=10$kHz 的滤波电路

实验 6.4 简易数控直流电源

1. 设计一个简易数控直流电源

(1) 基本功能实现

① 输出电压:0~9.9V,纹波小于 10mV。

② 输出电流:1A。

③ 输出电压能够"+""−"步进调节，步进值为 0.1V。

（2）扩展功能

① 输出电压值由两位数码管显示。

② 输出电压可以预置到某一电压值。

2．电路设计提示

根据设计任务，简易数控直流电源电路框图如图 6-13 所示，主要包括数字控制部分、D/A 转换部分和可调稳压电源部分。数字控制部分用"+""−"按键控制可逆二进制计数器，二进制的输出接入 D/A 转换器，经 D/A 转换器输出的电压作为可调稳压电路的基准电压去控制可调稳压电源的输出，步进值为 0.1V。

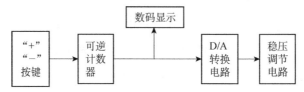

图 6-13　简易数控直流电源电路框图

输出电压：0～9.9V，步进值 0.1V，输出电压能够"+""−"步进调节，可以用两片十进制可逆计数器 74LS192 级联实现步进值数据控制，参考图 6-14。

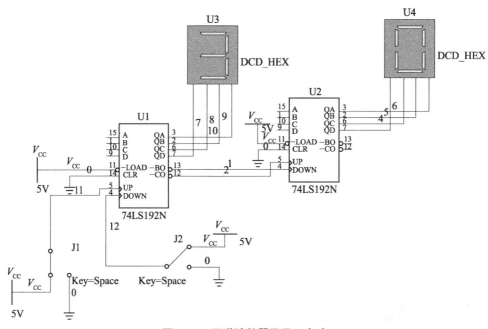

图 6-14　可逆计数器及显示电路

D/A 转换器可以用 8 位 D/A 转换器 DAC0832，DAC0832 采用 5V 供电，每位的最小电压分辨率为 5V/256≈19.5mV。图 6-14 中两片可逆计数器的输出端分别接 DAC0832 输入端的低 4 位和高 4 位，可以实现输出信号从 0V 至 99×19.5mV≈1.93V 可调。采用如图 6-15 所示的稳压调节电路，将 DAC0832 输出的模拟电压作为图 6-15 中的数控基准电源，使 R_2/

（R_1+R_2）=1.93V/9.9V，可以实现输出结果 U_o 在 0～9.9V 之间可调，步进值为 9.9V/99=0.1V。图 6-15 中所采用的调节管最大负载电流需要大于 1A，D/A 输出模拟电压作为数控基准电源接入运放的 U_{in+}，U_{in-} 接输出电压，运放的输出端接调整管的基极，实现对输出电压的反馈控制，同时通过调整管实现扩流。

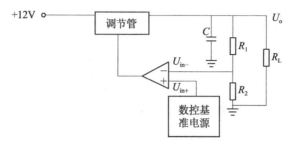

图 6-15 稳压调节电路

实验 6.5 电机转速测量电路

1．设计一个电机转速测量电路

（1）基本功能实现

设计控制电路使电机转速为 10 转/秒；设计实现电路对电机转速进行测量，并用两位数码管显示测量结果，测量误差小于 10%。

（2）扩展功能

设计控制电路使电机转速为 1500 转/分钟；设计实现电路对电机转速进行测量，并用四位数码管显示测量结果，测量误差小于 5%。

2．电路设计提示

电机转速测量电路设计思路：采用 PWM 控制电机转速，PWM 方波可由数字信号发生器产生。

电机转速测量电路框图如图 6-16 所示：转速信号的采集采用光电传感器（如欧姆龙 U 型光电开关 EE-SX670），在电机的转轴上套装一个带孔圆盘，光电传感器的发射端和感应端在孔洞上下两边，在遮光处感应端接收不到信号，计数为 0；待转到孔洞处时，感应端接收到光信号，计数为 1，并输出一个电信号，该信号经施密特整形后，变为 1 个高电平作为计数器的脉冲信号，计数器的输出端接锁存器，锁存器用于锁存数码管的显示值以供人眼观测，达到测量时间时，锁存器在时钟信号作用下锁存测量结果。

可以用 NE555 设计 2Hz 的方波信号作为时钟信号，锁存器采用上升沿触发型，当每秒时刻到来时，方波信号的上升沿触发锁存器，把当前的计时器数值传给显示电路。待显示电路稳定后需要清理计时器重新开始下一秒的转速计数，可以通过对时钟信号进行延时，待显示稳定后，用时钟信号的高或低电平清零计数器。

光电传感器及施密特整形电路如图 6-17 所示，光电传感器选型时，每秒能发射的光脉冲数需要大于电机的转速。

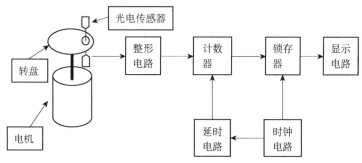

图 6-16 电机转速测量电路框图

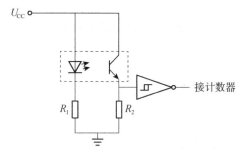

图 6-17 光电传感器及施密特整形电路

实验 6.6 简易电容测量仪

1．设计一个简易电容测量仪

（1）基本功能实现

① 电容测试范围：100pF～1nf，测量误差小于 10pF。

② 测试值用四位数字显示，显示范围为 0000～1999。

（2）扩展功能

① 增加电容测试范围：100pF～100μF。

② 测量电容变化时，可以自动切换量程。

2．电路设计提示

本实验要求利用以下所述两种电路原理中的任意一种，设计一个简易电容测量仪。

① 采用 555 定时器构成多谐振荡器的方法。对电容值的测量一般利用振荡电路将电容值转换为频率值，再通过频率计数器测量，其原理框图如图 6-18 所示。

② 采用 PWM 电路将电容值转换为模拟电压值，再通过电压表测量的方法进行。对一个周期脉冲信号来说，其脉冲的宽度和电压幅度决定了该信号的直流分量电压。可以证明，其信号的直流分量与脉冲的宽度之间具有线性关系。通过一个截止频率很低的低通滤波电路对该信号进行低通滤波，滤除信号的交流成分而只保留其中的直流成分，就可以将该周

期脉冲信号的脉冲宽度转换为一个直流信号的电压。

如图 6-19 所示的多谐振荡器，其振荡周期为 $T=0.7(R_1+2R_2)C$，振荡频率为 $f=1.43/(R_1+2R_2)C$，推导可得 $C=1.43/(R_1+2R_2)f$。根据多谐振荡器的测量频率，即可计算出被测电容的大小。

图 6-18　简易电容测量仪原理框图

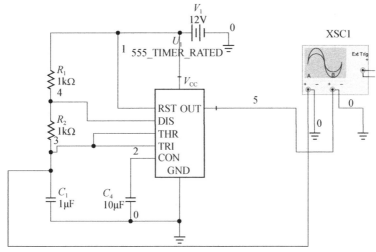

图 6-19　多谐振荡器测量电容示意图

实验 6.7　简易信号发生器

1．设计一个简易信号发生器

（1）基本功能实现

① 能产生正弦波、方波和三角波三种周期性波形。

② 输出信号频率在 100Hz～100kHz 范围内可调。

③ 正弦波峰峰值 $U_{pp}\approx 2V$；三角波 $\approx 6V$；方波 $U_{pp}\approx 2V$。

（2）扩展功能

① 在 10Ω 负载条件下，输出正弦波信号的电压 U_{pp} 峰峰值在 0～5V 范围内可调。

② 能输出频率 $f=50Hz～4kHz$ 连续可调的锯齿波和矩形波。矩形波 $U_{pp}\approx 12V$，占空比为 50%～90%；锯齿波 $U_{pp}\approx 4V$，负斜率连续可调。

③ 设计压控振荡器。控制电压范围为 1～10V，振荡频率范围为 500Hz～5kHz；测量输入电压与频率的关系，做出曲线。

2．电路设计提示

简易信号发生器的电路组成框图如图 6-20 所示。正弦波振荡电路产生正弦波，比较器电路将正弦波转换成方波，基本电路将方波转换成三角波。

图 6-20　简易信号发生器的电路组成框图

RC 振荡电路的参考电路如图 6-21 所示，修改图中的 R_3、R_4 和 C_2、C_3 可以改变 RC 振荡电路的谐振频率，产生不同频率的正弦波。

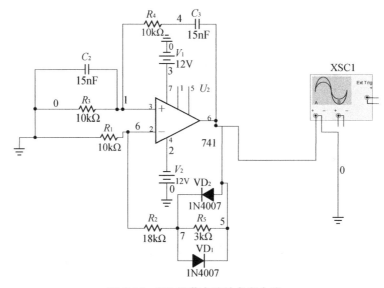

图 6-21　RC 振荡电路的参考电路

实验 6.8　正弦波相位差检测电路

1．设计一个正弦波相位差检测电路

（1）基本功能实现

① 输入正弦波信号频率为 1kHz，幅值为 5V。

② 设计移相电路使正弦波初相位在 0°～90° 可调。

③ 采用两位数码管显示测量相位差。

（2）扩展功能

① 设计移相电路使正弦波在 0°～180° 可调。

② 相位差测量精度小于 1°。

③ 采用三位数码管显示测量相位差。

2．电路设计提示

正弦波相位差检测电路框图如图 6-22 所示，通过一个双稳态电路可以把两个正弦波的相位差转变成一个如图 6-23 所示的方波高电平部分，然后设计电路进行波形处理，如图 6-24 所示。如图 6-24（a）所示波形描述的是一个稳定的时钟信号；图 6-24（b）所示波形描述的是把方波的高电平设计成闸门电路；如图 6-24（c）所示波形描述的是经过闸门电路的限制，时钟信号只能在方波的高电平部分通过；如图 6-24（d）所示波形描述的是在高电平结束时，锁存显示计数器记录的时钟脉冲数量；如图 6-24（e）所示波形描述的是在显示稳定后清零计数器。

相位差的计算方法是通过计算通过闸门电路的时钟脉冲数，可知闸门时间。而相位差即为（闸门时间/正弦波周期）×360°，因正弦波周期为 1ms，所以相位差=闸门时间×360°，闸门时间的单位为 ms。

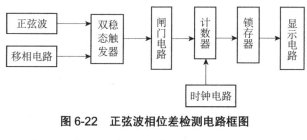

图 6-22　正弦波相位差检测电路框图

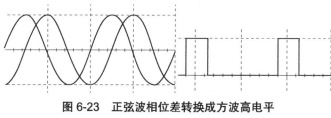

图 6-23　正弦波相位差转换成方波高电平

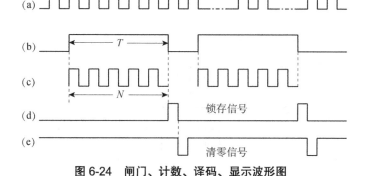

图 6-24　闸门、计数、译码、显示波形图

实验 6.9　简易窗帘自动开关电路

1. 设计一个简易窗帘自动开关电路

（1）基本功能实现

① 要求电路能够通过感应装置，检测到光线的强弱。

② 要求电路根据光线的强弱，自动将窗帘打开或关闭。
③ 要求电路在窗帘接触到窗户边缘时，自动切断电源。
（2）扩展功能
要求能够实现定时开关窗功能。

2．电路设计提示

简易窗帘自动开闭电路总体设计框图如图 6-25 所示。它是由光强检测电路、光强信号处理电路、控制电路、电机开关电路、窗帘边缘反馈电路五部分组成的。

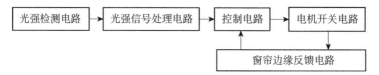

图 6-25　简易窗帘自动开闭电路总体设计框图

光强检测电路的功能是利用光敏电阻的特性，即入射光强时，电阻减小，入射光弱时电阻增大，在光敏电阻的阻值变化的同时影响与其并联的支路电压，进而将光信号转换为电信号；光强信号处理电路的功能是将光强检测电路输出的电信号输入 555 单稳态电路，继而得到一个电平信号作为控制信号；控制电路的功能是将得到的电平信号送至三极管，由三极管的导通与截止控制继电器的通断；电机开关电路的功能是利用继电器的通断控制电机正反向运行与停止，进而使窗帘运动或静止；窗帘的边缘检测可以使用行程开关。

图 6-26 是光强信号转换成电机控制信号的电路示意图，图中 R_1 表示光敏电阻，光强度的不同，会引起光敏电阻阻值的变化，进而引起 555 单稳态电路 THR 引脚的输入电压发生变化，当输入电压低于（或高于）阈值时，OUT 引脚输出电平发生改变，该电平可以作为电机控制信号。

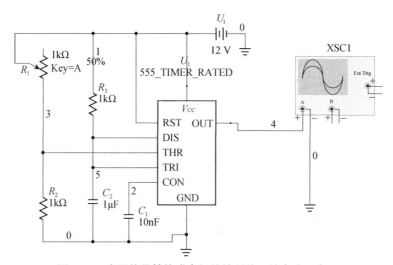

图 6-26　光强信号转换成电机信控制信号的电路示意图

实验 6.10　循环彩灯控制器

1．设计一个循环彩灯控制电路

（1）基本功能实现
① 8 路彩灯能实现 3 种花形（花形自拟）。
② 利用发光二极管 LED 模拟彩灯。
（2）扩展功能
① 增加花形数量。
② 彩灯实现快、慢两种节拍的变换。

2．电路设计提示

循环彩灯控制电路需要根据设计花形列出真值表，使用 555 定时器产生节拍脉冲，使用计数器控制花形切换，使用译码器和移位寄存器根据真值表控制花形显示，彩灯循环控制电路框图如图 6-27 所示。

图 6-27　彩灯循环控制电路框图

555 定时器根据滑动电阻的调节来实现输出时钟脉冲周期的不同从而控制计时器计数的快慢，实现彩灯闪烁时间的可调。

节拍脉冲发生电路如图 6-28 所示。修改图中的 R_1、R_3、C_2 可以改变节拍的快慢。

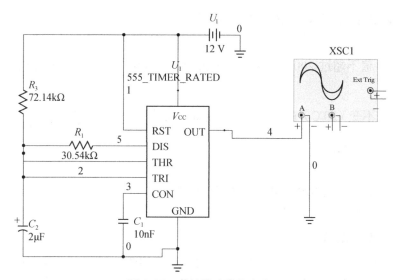

图 6-28　节拍脉冲发生电路

表 6-2 是循环彩灯三种参考花形的真值表。

表 6-2 循环彩灯参考花形真值表

节拍序号	花形 1	花形 2	花形 3
1	00000000	00000000	00000000
2	10001000	00011000	10000000
3	11001100	00111100	11000000
4	11101110	01111110	11100000
5	11111111	11111111	11110000
6	01110111	11100111	11111000
7	00110011	11000011	11111100
8	00010001	10000001	11111110
9			11111111
10			11111110
11			11111100
12			11111000
13			11110000
14			11100000
15			11000000
16			10000000

实验 6.11 三极管放大倍数 β 测量电路

1. 设计三极管放大倍数 β 测量电路

（1）基本功能实现

① 测量 β 值不超过 200 的 NPN 型三极管的放大倍数，并用三只数码管显示放大倍数 β。

② 在温度不变（20℃）的条件下，本测量电路的误差绝对值不超过 $\frac{5}{100}N+1$，这里的 N 是数字显示器的读数。

（2）扩展功能

① 电路能够检测出 NPN、PNP 三极管的类型。

② 对 β 值超过 200 的三极管，报警提示。

2. 电路设计提示

双极型三极管放大倍数 β 值电路的设计总体框图如图 6-29 所示，电路由四部分组成：三极管类型判别电路、三极管放大倍数 β 挡位测量电路、显示电路、报警电路。

图 6-29 双极型三极管放大倍数 β 值电路的设计总体框图

三极管类型判别电路的功能是利用 NPN 型和 PNP 型三极管的电流流向相反的特性实

现的。对于一个 NPN 型的三极管，若要工作在放大区，则其基射极电压 U_{BE} 应为正向电压，且集电极的电位要比基极电位高。而对于 PNP 型的三极管则相反。

三极管放大倍数挡位测量电路的功能是利用三极管的电路放大特性，将 β 值的测量转化为对三极管电压的测量，设计 AD 转换电路（如 V/F 型 AD 转换电路），把电压量转换成数字量并用数码管显示。

报警电路主要由一个 555 定时器和一个发光二极管实现。通过 555 定时器输出高低电平的变换而实现二极管亮和灭的轮换。

实验 6.12　过欠电压保护电路设计

1．设计一个过欠电压保护电路

（1）基本功能实现

当电压在市电正常范围内（180～250V），该灯发亮，否则会熄灭；当电压过压（≥250V）或欠压（≤180V）时能自动切断电路交流供电电源。

（2）扩展功能

① 突然上电、过欠电压保护或瞬间断电时，要延迟 3～4s 才能通电。复电延时功能：从停电到来电时能延时 3～4s 再接通原电路的交流电源。

② 绿色的 LED 发光表示负载正常工作，红色的 LED 发光表示负载不工作。

2．电路设计提示

过欠电压保护电路原理框图如图 6-30 所示。市电经整流滤波后加入比较器电路，电网电压在正常范围时，执行电路将常开触点闭合，用电设备通电；当电网电压波动超过正负 10%时，常开触点断开。切断电源，用电设备停止工作。

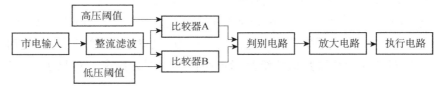

图 6-30　过欠电压保护电路原理框图

实际设计时可利用实验室的电工实验装置交流变压器输出 14V、16V、18V 交流电压模拟电网电压。用 16V 模拟电网电压工作在正常范围，用 14V 和 18V 模拟电网电压波动超出正负 10%状态。

比较判别电路如图 6-31 所示。经整流滤波后的 U_i 与两个直流参考电压 U_H（高）及 U_L（低）在两个比较器 A、B 中进行比较，比较器输出电压 U_A、U_B 经两个二极管 1N4007 组成的"与"门判别电路给后续放大电路。

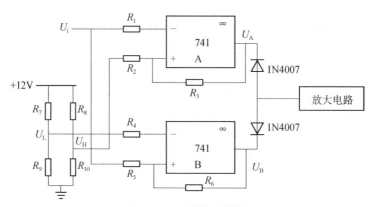

图 6-31　比较判别电路

实验 6.13　电压频率转换电路

1．设计一个电压频率转换电路

（1）基本功能实现

① 输入 0～100mV 小信号直流电压，将其线性变换成 0～10kHz 频率并输出。

② 设计精度为 1‰，即误差不超过 10Hz。

（2）扩展功能

频率值用四位数码管显示。

2．电路设计提示

电压频率转换电路框图如图 6-32 所示，0～100mV 信号经信号放大后作为积分电路的输入信号，积分电路的输出信号去控制滞回比较器，可得到矩形脉冲输出，输出的矩形脉冲通过一定的负反馈控制积分电容恒流放电，当放电电压达到某一值时，电容再次充电。输出脉冲信号的频率取决于积分电路电容的充放电速度，即取决于输入的直流电压的大小，从而实现电压/频率转换。脉冲信号作为计数器的触发信号，当定时 1s 时间到时，时钟电路锁存计数器数值传给显示电路，该值即为频率。待显示稳定后计数器清零。

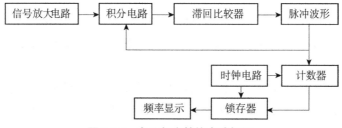

图 6-32　电压频率转换电路框图

实验 6.14 声控延时开关电路

1. 设计一个声控延时开关电路

（1）基本功能实现

① 设计电路，具有声控功能。有声音时，开关打开，驱动发光二极管灯亮；声音消失后，开关延时 10s 自动关闭，二极管灯灭。

② 延时时间 5～9s 可调。

③ 延时的倒计时间 9～0s 显示（用 1 片数码管显示）。

（2）扩展功能

① 延时的倒计时间 30～00s 显示（用 2 片数码管显示）。

② 声音阈值设置。对经过放大处理后的声音信号进行阈值设置（放大电路自行设计），要求阈值上限为 4V，下限为 2V，当声音信号强度在该范围（2～4V）内时，开关自动打开，否则开关关闭。

③ 用该延时开关作为报警灯的开关，当声音达到阈值后，延时开关接通并控制报警灯以 10Hz 频率闪烁。

2. 电路设计提示

电路工作原理分析：全电路由声控信号输入电路、放大电路及延时控制电路组成。

如图 6-33 所示的声控延时参考电路中，R_8 用来模拟声音接收器，R_8、R_7、C_1 组成声音信号的输入电路（实际电路中声音接收器使用咪头），声音信号通过 C_1 耦合到后面 R_3、R_4 和 Q_2 组成的第一级声音信号放大电路，第一级放大电路的输出经过电容 C_2 耦合到由 R_1、R_2 和 Q_1 组成的第二级声音信号放大电路，经过两级信号放大后的声音信号可以触发由 555 定时器组成的单稳态电路。单稳态电路的输出控制发光二极管发光，发光二极管用来模拟开关电路。

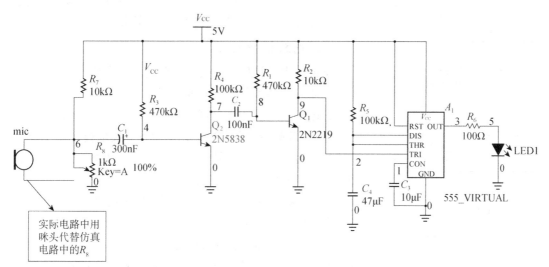

图 6-33 声控延时开关参考电路

注意：由于咪头输出的电信号峰峰值为 50~100mV，所以经过两级放大电路的电压放大倍数应不大于 40 倍。

555 定时器与 R_5、C_4 组成单稳态电路，一方面输出触发信号，使发光二极管发光；另一方面组成延时控制电路，当到达预定的时间后输出控制信号使发光二极管熄灭。改变 R_5 和 C_4 的值，可以调节延时时间。

如果要控制大功率设备，可以在发光二极管前加一个三极管，可以直接驱动继电器或可控硅。

备注：图 6-33 中电子元器件均为说明参考电路所用，实际电路中各元器件的数值需要自己计算。

实验 6.15　十字路口交通灯控制电路设计

1．设计任务与要求

（1）基本功能实现

A、B 为两条十字交叉的行车道路，现要求为该交叉路口设计交通灯控制电路，实现车辆通行管理的自动化，基本要求如下。

① A、B 两道路上的车辆交替通行，两道路通行时长相同。两道路上都需安装交通灯。

② 每次绿灯亮 20 秒，绿灯灭后亮起黄灯，黄灯亮 4 秒，黄灯灭后亮起红灯，红灯亮 24 秒。

③ 要求黄灯亮起后以 1Hz 的频率闪烁。

（2）扩展功能。

① 绿、黄、红灯亮着的时间分别改为 25 秒、5 秒、30 秒。

② 绿灯亮起后以每秒减 1 的倒计时方式显示时间计数，直至黄灯灭时减为 "0"，并通过数码管显示。

2．电路设计提示

根据以上设计任务及要求，分析路口交通灯工作情况，可知交通灯工作流程如图 6-34 所示。

其硬件电路设计方案可以从以下几个部分考虑：

① 时钟脉冲信号发生电路。考虑到要求黄灯以 1Hz 频率闪烁，将时钟脉冲信号频率定为 1Hz。时钟脉冲信号可由 555 定时器芯片组成一个多谐振荡器电路来提供。

② 分频电路。由任务要求可知每条道路上的绿、黄、红灯所亮时间比例为 5：1：6，因此，可以以 4 秒为一个单位时间，使计数器每计 4 秒输出一个脉冲。结合上述时钟脉冲信号情况，需在此基础上将该时钟脉冲信号进行分频处理。可采用两个 D 触发器对上述时钟信号进行 4 分频。

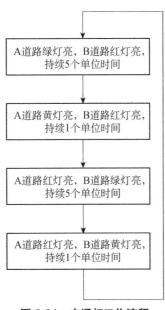

图 6-34　交通灯工作流程

③ 交通灯控制电路。若以 4 秒为一个单位时间，则每个交通灯的状态时序图如图 6-35 所示。

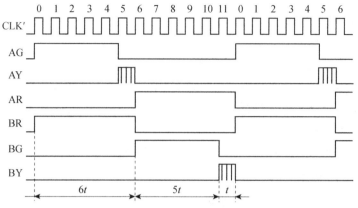

图 6-35　每个交通灯的状态时序图

图 6-35 中，t 为一个单位时间（即为 4 秒），CLK′为计数器时钟脉冲信号。AG、AY、AR 分别为 A 道路绿、黄、红灯状态，BG、BY、BR 分为 B 道路绿、黄、红灯状态。

由图 6-35 可知，各交通灯的工作循环周期皆为 12，故可以选用十二进制计数器来控制交通灯工作。可选用 74LS164 八位移位寄存器组成扭环形十二进制计数器。用该计数器构成的交通灯控制电路状态真值表见表 6-3。

表 6-3　交通灯控制电路状态真值表

CLK′	计数器输出端						A 道路交通灯			B 道路交通灯		
	Q_0	Q_1	Q_2	Q_3	Q_4	Q_5	AG	AY	AR	BG	BY	BR
0	0	0	0	0	0	0	1	0	0	0	0	1
1	1	0	0	0	0	0	1	0	0	0	0	1
2	1	1	0	0	0	0	1	0	0	0	0	1
3	1	1	1	0	0	0	1	0	0	0	0	1
4	1	1	1	1	0	0	1	0	0	0	0	1
5	1	1	1	1	1	0	0	1	0	0	0	1
6	1	1	1	1	1	1	0	0	1	1	0	0
7	0	1	1	1	1	1	0	0	1	1	0	0
8	0	0	1	1	1	1	0	0	1	1	0	0
9	0	0	0	1	1	1	0	0	1	1	0	0
10	0	0	0	0	1	1	0	0	1	1	0	0
11	0	0	0	0	0	1	0	0	1	0	1	0

根据上述状态表，请自行推导 A、B 两道路绿、黄、红灯控制信号的逻辑表达式。计数器脉冲信号由前述分频电路提供。

此外，由于要求黄灯以 1Hz 频率闪烁，可以将表 6-3 中 AY、BY 信号分别与 1Hz 时钟脉冲信号相"与"后去控制 A、B 道路黄灯。

实验 6.16　自动寻迹小车

1. 设计任务与要求

（1）基本功能实现

现有三轮小车车架一部，包括两个前轮、一个后轮，两个前轮各由一部减速直流电机独立驱动。要求设计检测控制电路，控制该小车沿着白色背景地面上宽 2cm 的黑色胶带轨迹自动行驶。该轨迹路径包含直行和弯道元素。上述检测控制电路不能采用单片机。

（2）扩展功能

当前述小车左转时，左边转向灯闪烁；右转时，右边转向灯闪烁。

2. 电路设计提示

根据以上设计任务及要求，分析小车自动寻迹原理，小车寻迹原理框图如图 6-36 所示。

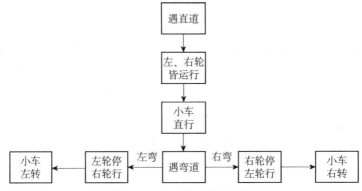

图 6-36　小车寻迹原理框图

其中，当小车在行驶中因两轮存在转速差别而发生方向偏移时，处理方法类似于遇到弯道。例如，当小车前行发生左偏时，类似于遇到右弯道，则小车控制右轮停，左轮行，小车右转。

综合以上原理分析，考虑小车检测控制电路可以由以下几部分构成：黑胶带轨迹检测可采用光耦电路，可在小车车架上设置左、右两个光耦，小车启动前需将黑胶带轨迹置于两光耦之间；左、右车轮驱动电机的运行由三极管电路控制；利用光耦电路输出和运放比较器电路来控制三极管电路的工作；左、右车轮独立控制。小车检测控制电路工作原理框图如图 6-37 所示。

本实验中，当光耦电路分别检测到黑胶带或白色背景地面时，比较器电路应该输出不同电位，所以用来作比较的电位值的选择较为关键，这需要通过实验来确定最佳取值，故可考虑设计一个可调压电路。

此外，左、右两个光耦的间距取值对小车能否顺畅转弯有较大影响，同时该间距取值也取决于车速和路径轨迹情况，所以也需要通过多次实验来取得较佳方案。

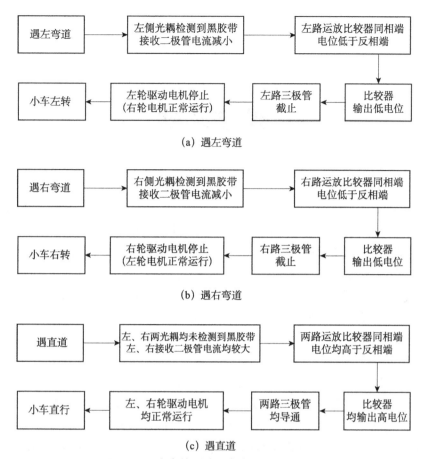

图 6-37 小车检测控制电路工作原理框图

参考文献

1. 齐凤艳. 电路实验教程［M］.北京：机械工业出版社，2009.
2. 姚缨英. 电路实验教程［M］.2 版. 北京：高等教育出版社，2011.
3. 陈意军. 电路学习指导与实验教程［M］. 北京：高等教育出版社，2006.
4. 于建国，宣宗强等. 电路实验教程［M］. 北京：高等教育出版社，2008.
5. 马艳. 电路基础实验教程［M］. 北京：电子工业出版社，2012.
6. 黄培根，任清褒.Multisim10 计算机虚拟仿真实验室［M］. 北京：电子工业出版社，2008.
7. 吴霞. 电路与电子技术实验教程［M］.北京：机械工业出版社，2013.
8. 吴霞，李敏. 电路与电子技术实验教程［M］.北京：机械工业出版社，2010.
9. 潘岚. 电路与电子技术实验教程［M］.北京：高等教育出版社，2006.
10. 陈晓平，殷春芳. 电路理论基础［M］. 北京：机械工业出版社，2013.
11. 付扬. 电路电子技术实验与课程设计［M］. 北京：机械工业出版社，2015.

反侵权盗版声明

电子工业出版社依法对本作品享有专有出版权。任何未经权利人书面许可,复制、销售或通过信息网络传播本作品的行为,歪曲、篡改、剽窃本作品的行为,均违反《中华人民共和国著作权法》,其行为人应承担相应的民事责任和行政责任,构成犯罪的,将被依法追究刑事责任。

为了维护市场秩序,保护权利人的合法权益,我社将依法查处和打击侵权盗版的单位和个人。欢迎社会各界人士积极举报侵权盗版行为,本社将奖励举报有功人员,并保证举报人的信息不被泄露。

举报电话:(010)88254396;(010)88258888
传　　真:(010)88254397
E-mail:　　dbqq@phei.com.cn
通信地址:北京市海淀区万寿路 173 信箱
　　　　　电子工业出版社总编办公室
邮　　编:100036